KLÄHNE BERATENDE INGENIEURE

TRAGEN STÜTZEN SPANNEN
PROJEKTE 1996–2011

GELEITWORT

Dr.-Ing. Thomas Klähne,
Büroinhaber

Mit dem Beruf des Ingenieurs verbindet sich das Bild eines technisch gebildeten Menschen, der mit seinem Wissen und seiner Erfahrung Dinge schafft, die der Gesellschaft von Nutzen sind; dies können Flugzeuge, Computer oder Bauwerke sein. Die Schaffung dieser Dinge ist geteilt in den kreativen Prozess ihrer Planung und den Prozess ihrer Herstellung.

Bei den Bauingenieuren spielt der planende Schaffensprozess eine besondere Rolle, mit dem die Materialisierung von Bauwerken gedanklich vorweggenommen wird. Anders als im Maschinenbau, im Automobilbau oder im Flugzeugbau ist jedes Bauwerk ein Unikat, das unter bestimmten Randbedingungen, wie z. B. Umgebungsbedingungen oder Baugrundverhältnissen, bestimmten Funktionen gerecht werden muss. Dies fordert vom planenden Ingenieur immer von Neuem, diese Bedingungen und Funktionen zu verinnerlichen und eine konstruktive Antwort darauf zu finden. Dabei ist er der Gesellschaft verpflichtet: Neben der wichtigsten Bedingung, der Einhaltung von Standsicherheit und Gebrauchstauglichkeit, soll er ästhetisch anspruchsvolle und wirtschaftliche Konstruktionen entwerfen, ohne dabei Umwelt und Nachhaltigkeit außer Acht zu lassen. Der Bauingenieur schafft damit Bauwerke von bleibendem Wert und dies in technischer und kultureller Hinsicht.

Bei der Schaffung der Bauwerke hat der Ingenieur in der komplexer werdenden Welt immer mehr Berührungspunkte mit den Interessen anderer Berufsgruppen und weiterer Personen; dies sind in erster Linie die Auftraggeber mit ihren Nutzungsanforderungen, aber auch Architekten, Umweltplaner und in zunehmendem Maße Menschen, die in und mit den fertigen Bauwerken leben wollen. Der Ingenieur, den man in der Vergangenheit oft mit dem Tüftler im einsamen Kämmerchen gleichsetzte, wird mehr und mehr zum Koordinator und Steuerer von Bauprozessen. Dies alles macht den Reiz des Ingenieurberufs aus.

Die Ingenieure treten damit an, der Gesellschaft etwas zu geben. Sie wissen um die gewachsene Verantwortung ihres Berufsstandes bei komplizierteren Randbedingungen und erhöhten Nutzungsanforderungen. Sie sind aber auch auf die Gesellschaft angewiesen. Daraus ergeben sich Fragen: Wie viel ist die Gesellschaft bereit, für die Arbeit der planenden Bauingenieure zu geben, die heute die am geringsten entlohnte Gruppe der Ingenieure ist, was auch auf gesetzliche Instrumentarien wie die HOAI zurückzuführen ist? Werden die politischen Rahmenbedingungen heute so gesetzt, dass Kreativität belohnt wird, oder wird beispielsweise durch VOF-Verfahren mehr Quantität als Qualität belohnt? Wie stellt sich das Ansehen eines Bauingenieurs

**EIN INGENIEURBÜRO IN HEUTIGER ZEIT ZU FÜHREN
HAT ETWAS MIT DEN INNEREN BEWEGGRÜNDEN,
DER SCHÖNHEIT DES INGENIEURBERUFES,
ABER AUCH MIT DEN ÄUSSEREN RANDBEDINGUNGEN,
DIE DIE GESELLSCHAFT VORGIBT, ZU TUN.**

gegenüber anderen Berufsgruppen dar – warum soll der Rechtsanwalt, der über die Bauwerke verhandelt, sie aber nicht schafft, mehr wert in der öffentlichen Wahrnehmung sein? Wie ist es um die Finanzierung der Ausbildung der Bauingenieure bestellt? Warum werden immer mehr Normen, Vorschriften und Untervorschriften durch die europäische, Bundes- und Landesgesetzgebung erlassen, über die man kaum noch den Überblick behalten kann?

Ein Ingenieurbüro in heutiger Zeit zu führen hat etwas mit den inneren Beweggründen, der Schönheit des Ingenieurberufes, aber auch mit den äußeren Randbedingungen, die die Gesellschaft vorgibt, zu tun. Immer ist es ein Spannungsfeld zwischen der Schaffung anspruchsvoller Bauwerke und der wirtschaftlichen Führung eines Unternehmens.

Zunächst sind die Menschen, die Ingenieure, das Wichtigste. Ihre theoretischen Kenntnisse und praktischen Erfahrungen sind für die Erfüllung anspruchsvoller Aufgaben die Grundlage. Es treffen sich unterschiedliche Charaktere in unterschiedlichen Lebenssituationen und unterschiedlichem Alter und bilden zusammen ein Team. Dieses Team optimal aufzubauen und die Ingenieure entsprechend ihren Fähigkeiten einzusetzen, sie dabei zu fördern und zu fordern, ist immer wieder ein spannendes Unterfangen.

Die uns, dem Büro Klähne Beratende Ingenieure, übertragenen Aufgaben sind nicht minder spannend. Es geht um weitgespannte Tragwerke und um komplexe Bauwerksstrukturen, um vielfältige Abstimmungs- und Planungsprozesse, um Bauzeitoptimierungen und störungsfreie Bauabläufe – kurzum um Aufgaben, die weit über das Rechnen hinausreichen.

Jeden Tag aufs neue gilt es, diesen Aufgabenstellungen mit Energie, Genauigkeit und Entscheidungskraft gerecht zu werden. Wir schaffen dies und unsere Auftraggeber honorieren es, indem sie uns die Lösung anspruchsvoller Aufgaben zutrauen und uns diese Aufgaben übertragen.

Die Anfänge unseres Ingenieurbüros datieren in das Jahr 1996, als es darum ging, die bautechnische Prüfung des neuen Berliner Hauptbahnhofes durchzuführen, eines Projektes von über die Grenzen Berlins hinausgehender Bedeutung. Wir haben dieses Projekt unter Beteiligung des damaligen Büroverbundes HRA mit hohem personellen und fachlichen Aufwand bis 2003 erfolgreich bearbeitet und in dieser Zeit gleichzeitig eine Planungsabteilung aufgebaut. Die ersten Projekte der Ausführungsplanung waren die Autobahnbrücken des Autobahndreiecks Spreeau und weitere in Berlin und Brandenburg gelegene Brückenbauwerke.

DIESES TEAM OPTIMAL AUFZUBAUEN UND DIE INGENIEURE ENTSPRECHEND IHREN FÄHIGKEITEN EINZUSETZEN, SIE DABEI ZU FÖRDERN UND ZU FORDERN, IST IMMER WIEDER EIN SPANNENDES UNTERFANGEN.

Die Ausführungsplanung und die bautechnische Prüfung anspruchsvoller Bauwerke des konstruktiven Ingenieurbaus und Brückenbaus sind so zu unserem Markenzeichen geworden. Mit der Waldschlösschenbrücke in Dresden, der Langen Brücke in Potsdam, den Kraftwerken in Bremen und Bitterfeld oder dem Hochmoselübergang bei Zeltingen haben wir Projekte in der Ausführungsplanung bearbeitet, die große Beachtung finden. Aber auch Projekte der bautechnischen Prüfung, wie der S-Bahnhofs-Komplex Baumschulenweg in Berlin, Brückenbauwerke wie die Havelbrücken bei Rathenow und Havelberg oder die Eisenbahnklappbrücke über den Ziegelgraben Stralsund und eine Vielzahl weiterer Brückenbauwerke, sind der Rede wert.

Diese und andere Projekte sind in diesem Buch versammelt und geben einen Einblick in die inzwischen 15-jährige Geschichte unseres Ingenieurbüros. Sie sind – etwas unkonventionell – geordnet nach Begriffen, die in unserer Arbeit immer wiederkehren und sie kennzeichnen.

Hier danke ich der Agentur Short Cuts, die die Entstehung dieses Buches wesentlich begleitet hat.

Das Entstehen und das erfolgreiche Betreiben einer jeden Tätigkeit hat immer etwas mit dem Willen zu tun, aber auch mit Glück. Ich denke dabei zurück an Dr.-Ing. Jochen Haensel, der mich damals fragte, ob ich bereit sei, die Geschäftsführung des Berliner Büros HRA zu übernehmen, das heute Klähne Beratende Ingenieure heißt. Und ich denke an Herrn Dipl.-Ing. Eckhard Thiemann vom brandenburgischen Autobahnamt, der mir nach dem frühen Tod von Dr. Haensel im Jahr 1998 Aufträge übertrug, die eine Basis für den heutigen Stand des Büros sind. Beiden danke ich.

Ich danke weiter den vielen Auftraggebern, die das Vertrauen in unsere Leistungsfähigkeit hatten und haben, meinen Mitarbeitern, die diese Aufgaben meisterten, und meinen Weggefährten Dipl.-Ing. Frank Bauchspieß, Prof. Dr.-Ing. Hans Detlev Ibach und Dr.-Ing. Andreas Heuer.

Und ich danke meiner Frau und meinen Töchtern, die immer Geduld mit mir haben.

ZWEI BLICKWINKEL

Ein Beitrag von Henry Ripke, Dipl.-Ing., freischaffender Architekt

Kennengelernt haben wir uns vor sechs Jahren, über mehrere Ecken, und als der Wettbewerb für die Lange Brücke in Potsdam ausgeschrieben wurde, wollten wir es mit der Zusammenarbeit versuchen. Zuerst mussten wir uns bewerben, aber wir wurden ausgewählt und starteten gemeinsam ins Risiko.

Zwei Personen bedeuten mindestens zwei Blickwinkel auf eine zu lösende Aufgabe, nicht nur aus fachlicher Sicht, sondern auch aus individueller Einschätzung. Dieses ist ein Gewinn, wenn beide Seiten ein offenes Ohr haben und die Sensibilität, unterschiedliche Aspekte in die Lösung zu integrieren und auch gemeinsam den Mut entwickeln, Lösungen vorzuschlagen, die so noch nicht umgesetzt wurden, oder die vorgegebenen Grenzen zu überschreiten. Wir haben beides gewagt und damit überzeugen können.

Fundiertes Fachwissen ist essentiell, um das Gewagte dann auch umsetzen zu können; aber die Fähigkeit zur Kommunikation miteinander bleibt eine mindestens genauso wichtige Voraussetzung. Ich meine damit die „qualifizierte" Kommunikation, die ruhig ist und Zuhören bedeutet, nicht das laute Geschwätz unserer medialen Gegenwart mit Multitasking.

Hier haben wir ein für uns beide interessantes Feld gefunden, in dem wir uns über das Fachgebiet hinaus betätigen und die Möglichkeiten ausloten, dialogisch Neues zu entwickeln.

Dabei wird der Ingenieur nicht zum Architekten oder umgekehrt. Gerade das konsequente Argumentieren und Darstellen aus der eigenen Fachdisziplin heraus fordert das Gegenüber zum intensiveren Nachdenken über die eigene Position auf und führt schlussendlich zu einem besseren Ergebnis. Beim Finden der Lösung, die wir für die jeweilige Aufgabe beide richtig fanden, haben wir in den langen Diskussionen uns und die Zusammenarbeit schätzen gelernt.

In diesem Sinne wünsche ich uns noch viele herausfordernde gemeinsame Projekte und dem Büro weitere erfolgreiche Jahrzehnte.

WAS VERBINDET INGENIEURE?

Ein Beitrag von Dipl.-Ing. Uwe Heiland,
Geschäftsführer Eiffel Deutschland Stahltechnologie GmbH, Hannover

Was Ingenieure verbindet ist zum einen das Wissen, dass sich jeder technische Sachverhalt in eine oder mehrere Aufgaben zerlegen lässt und man zur Lösung dieser Aufgaben, mögen sie auch noch so komplex sein, fähig und berufen ist.

Wir haben mit den Ingenieurskollegen des Büros Klähne kontinuierlich zusammengearbeitet und dabei ganz unterschiedliche Themen behandelt.

So ging es um die Detailstatik für Bauteile der sieben Standardhallen der Neuen Messe Stuttgart und die Statik der Montagezustände. Es wurden grundsätzlich neue Lösungen für die Bemessung der Verbundstützen gefunden und die Ausführung der Anschlüsse der Stützenböcke wurde umgestaltet. Hier war es die Aufgabe, vorhandene Lösungen zu hinterfragen mit dem Zwang, neue Lösungen zu entwickeln.

Der Entwurf eines neuen Tragwerkes für den beweglichen Teil des Stadiondaches des neuen Fußballstadions in St. Petersburg, Russland führte zu einer anderen Anspruchsebene. Im Dialog mit Eiffel Deutschland Stahltechnologie GmbH und nach gestalterischen Vorgaben wurde ein Tragwerk für die beiden elektromechanisch angetriebenen Dachscheiben entwickelt, dimensioniert und konstruktiv entworfen. Dabei gelang es, die Besonderheiten des Bauens – unter Berücksichtigung der russischen Vorgaben – robust und sicher zu planen. Sowohl die Dacheindeckung mit mehreren Ausführungsmöglichkeiten als auch die dynamischen Parameter der Antriebe wurden alternativ untersucht und führten zu einer Lösung, die noch immer die Möglichkeit hat, ausgeführt zu werden (der Gesamtauftrag befindet sich im Verhandlungsstadium).

Die statisch-konstruktive Gesamtverantwortung für den Bau der Hochmoselbrücke ist die exponierteste und größte Aufgabe unserer Zusammenarbeit.

Einem Konsortium, bestehend aus den Firmen Eiffel Deutschland Stahltechnologie GmbH, Porr Technobau und Umwelt GmbH und Compagnie Francaise Eiffel Construction Métallique, wurde im November 2010 der Auftrag zum Neubau der Hochmoselquerung als Ergebnis eines europaweiten Ausschreibungsverfahrens erteilt.

Die technische Federführung des Konsortiums liegt in den Händen der Eiffel Deutschland Stahltechnologie GmbH.

Der sogenannte Hochmoselübergang ist Teil der Bundesstraße B 50, die das Rhein-Main-Gebiet mit Belgien und Luxemburg verbindet.

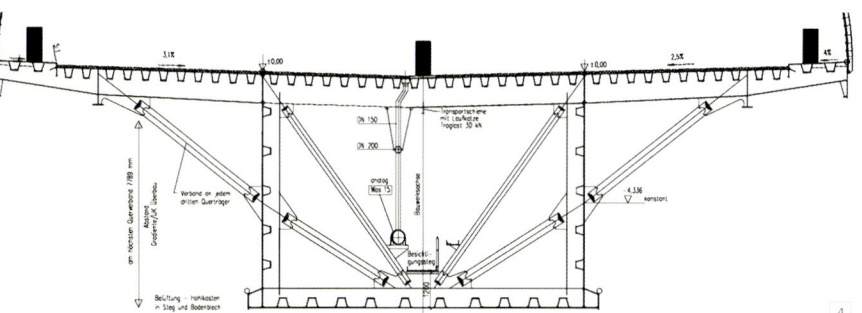

1 Standardhallen Messe Stuttgart
  Knotendetail: Riegelanschluss im
  Stützenbock
2 Fußballstadion St. Petersburg
3 Hochmoselquerung: größter
  Stahlbrücken-Neubau
  Deutschlands
4 Regelquerschnitt A-A

Die statisch-konstruktive Verantwortung der Ausführungsplanung für das Gesamtsystem, bestehend aus Überbau und den Unterbauten, liegt in den Händen des Ingenieurbüros Dr. Klähne. Die Unterbauten der Brücke bestehen aus zwei Widerlagern und zehn Pfeilern. Die Höhe der Pfeiler beträgt bis zu 155 m. Die Gründung der Unterbauten erfolgt über Großbohrpfähle mit 180 cm Durchmesser und einer Tiefe von bis zu 50 m. Die Pfeiler werden mittels Kletterschalungen hergestellt. Die Deckbrücke in Ganzstahlbauweise mit einer Stahltonnage von ca. 25.000 t ist 1.700 m lang und hat Stützweiten von 104 m bis zu 210 m über der Mosel. Die Bauhöhe variiert entsprechend den Stützweiten zwischen 5,27 m und 7,78 m.

Die Dimensionen der Brücke und das entwurfsbedingte Ganzstahlkonzept führen zu einem der größten Stahlbrückenneubauten Deutschlands nach der Wiedervereinigung. Die Stahlkonstruktion wird in den Eiffage-Gesellschaften EDS in Deutschland (Hannover) und ECM in Frankreich (Lauterbourg) gefertigt.

Im Dezember 2011 wird mit der Fertigung der insgesamt ca. 900 Einzelbauteile in den Werkstätten der Firmen EDS und ECM begonnen. Ab dem Frühjahr 2012 werden dann diese vorgefertigten Teile auf dem 300 m langen Vormontageplatz hinter dem östlichen Widerlager zusammengeschweißt und in insgesamt 14 Takten im sogenannten Taktschiebeverfahren über die Pfeiler, die mit entsprechenden Verschublagern ausgestattet sind, eingeschoben. Zur Reduzierung der Beanspruchungen und Verformungen des Überbaus beim Einschubvorgang dient eine Überspannung mit einem 80 m hohen Pylon.

Die durch das IB Klähne aufgestellte Ausführungsplanung für den Endzustand und die Bauzustände dieses exponierten und größten Bauwerkes der letzten Jahre stellte eine außerordentliche Ingenieurleistung dar. Hierbei gilt es, theoretische, statische, konstruktive und montagetechnische Belange baupraktisch umzusetzen.

Wir sind sicher, dass dies zusammen mit dem IB Klähne auch zur Zufriedenheit des Bauherrn gelöst werden wird.

Was verbindet Ingenieure?
Es ist zum anderen die Begeisterung für die kreative Lösung.

EXPERTE FÜR KNIFFLIGE BAUTECHNISCHE FRAGEN

Ein Beitrag von Dipl.-Ing. Hartmut Freystein,
Leiter der Außenstelle Berlin des Eisenbahn-Bundesamtes

Ingenieure liefern einen wichtigen Beitrag zum Gelingen von bautechnischen Aufgaben – das gilt auch und insbesondere für den Eisenbahnbrückenbau. Paradedisziplinen eines Ingenieurs sind zweifellos die Formulierung der Aufgabenstellung, die Entwurfsplanung und die Ausführungsplanung von spannenden Bauaufgaben. Aufsichtsbehörden verlassen sich ebenfalls auf hochkarätige Ingenieursleistungen – ein wichtiger Garant sind hier die Prüfingenieure. Für das Eisenbahn-Bundesamt sind Prüfingenieure, nachdem sie das Anerkennungsverfahren erfolgreich abgeschlossen haben, im derzeitigen Bauaufsichtsverfahren im Sinne eines Verwaltungshelfers tätig. So prüfen sie im Rahmen der bautechnischen Prüfung die rechnerischen Nachweise und die dazugehörigen Ausführungspläne. In einigen Fällen werden die Prüfer vom Eisenbahn-Bundesamt auch mit den Abnahmeprüfungen betraut.

Seit Einführung der modifizierten Bauaufsicht im Jahr 2009 werden die Ausführungsunterlagen nicht mehr vom Eisenbahn-Bundesamt, sondern von den Bauvorlageberechtigten beim Bauherrn freigegeben. Nur bei Baumaßnahmen, deren anrechenbare Kosten 3 Mio. Euro im Ingenieurbau übersteigen, erfolgt eine bauaufsichtliche Prüfung der Ausführungsunterlagen durch die Mitarbeiter des Eisenbahn-Bundesamtes, jedoch sachlich und zeitlich im Hinblick auf den Endzustand des in Betrieb zu nehmenden Baus. Bei diesen Baumaßnahmen ist der bautechnische Prüfer daher die letzte Instanz vor dem Baufreigabeverantwortlichen des Bauherrn.

Der Auftrag für die bautechnische Prüfung erfolgt zwar durch den Bauherrn, also die Deutsche Bahn AG, jedoch muss der Bauherr zumindest bei den anzeigepflichtigen Baumaßnahmen zuvor das Einvernehmen mit dem Eisenbahn-Bundesamt über Inhalt und Gegenstand des Auftrags herstellen. Anderenfalls müsste die bautechnische Prüfung im rechtlichen Sinne als Parteivortrag angesehen werden, der in der Regel eine eingehende Prüfung, sprich Nachrechnen der Statik, durch die Bauaufsichtsbehörde zur Folge hätte. Der Prüfer ist also der verlängerte Arm der Bauaufsichtsbehörde; er fungiert sozusagen auch als „Peilantenne" des Eisenbahn-Bundesamtes: So soll er sich einerseits nicht in den Planungsprozess hineinziehen lassen, andererseits Fehlentwicklungen wirksam entgegentreten. Das erfordert gewiss viel bautechnisches und auch menschliches Gespür, um im richtigen Moment den entscheidenden Hinweis zu geben, aber doch nicht in die dann notwendigen Umplanungen involviert zu sein.

Hier kommt der Jubilar ins Spiel. Neben den spannenden Ingenieursaufgaben bei Planung und Ausführung zeichnet Herr Dr. Klähne mit seiner Mannschaft verantwortlich für die bautechnische Prüfung von Ausführungsunterlagen von kleineren und größeren Baumaßnahmen im Konstruktiven Ingenieurbau. Die Zusammenarbeit mit dem Eisenbahn-Bundesamt in Berlin begann gleich mit einem technisch herausragenden Objekt, dem neuen Hauptbahnhof in Berlin. Als verantwortlicher Mitstreiter einer Arbeitsgemeinschaft von Prüfern erreichte er schnell den Ruf eines strengen und genauen Prüfers, der nicht das wirtschaftliche Bauen aus den Augen verlor und sich auch trotz des erheblichen Realisierungszeitdrucks insbesondere in der Endphase nicht aus der Ruhe bringen ließ. Dies war letztlich so überzeugend, dass er sich dem Eisenbahn-Bundesamt mit seinem Büro auch weiterhin für knifflige bautechnische Fragen im Stahleisenbahnbrückenbau empfahl.

Weitere spannende Zeugnisse der guten Zusammenarbeit zeigen exemplarisch einige Beiträge in diesem Band. Dabei sind es nicht nur die Großprojekte, sondern auch die Vielzahl von kleinen Baumaßnahmen „unter dem rollenden Rad", bei denen viele eisenbahnspezifische Fragestellungen gemeistert werden müssen. Auch auf diesem Gebiet war das Ingenieurbüro „Klähne Beratende Ingenieure" dem Eisenbahn-Bundesamt immer eine große Hilfe.

Meine Mitarbeiter und ich wünschen dem Ingenieurbüro „Klähne Beratende Ingenieure" weiterhin das Geschick und die glückliche Hand für die interessanten Bauaufgaben in Berlin und Brandenburg, verbunden mit der Hoffnung, in dem Büro auch in der Zukunft einen kompetenten Ansprechpartner für schwierige eisenbahnspezifische Detailfragen zu haben.

WIRTSCHAFTLICHE LÖSUNGEN IN DER PLANUNG MEHR DENN JE GEFRAGT

**Ein Beitrag von Dipl.-Ing. Marcus Becker,
Präsident des Bauindustrieverbandes Berlin-Brandenburg**

Wirtschaftliche Lösungen im und für den Bau – diese immer wieder aktuelle Forderung könnte man schnell als Plattitüde abtun, gäbe es nicht auch immer wieder aktuelle Anlässe. Ein großer Teil des wirtschaftlichen Erfolgs eines Bauvorhabens entscheidet sich für das damit beauftragte Bauunternehmen schon in der Planungsphase – keine neue Erkenntnis, aber schaut man genauer hin, erkennt man die großen Wandlungen, die sich hier in den vergangenen Jahren vollzogen haben. So treten die bauindustriellen Firmen viel häufiger als früher als Auftraggeber für die Ingenieurbüros auf. Und das hat Folgen: Das Honorar errechnet sich damit nicht aus den Baukosten, wie es die HOAI eigentlich vorschreibt, sondern mehr denn je stehen wirtschaftliche Lösungen im Mittelpunkt. Aus eigener Erfahrung weiß ich, dass damit Auseinandersetzungen mit den Ingenieurbüros vorprogrammiert sind, aber am Ende des Tages geht es wie immer um möglichst geringe Kosten für den Auftraggeber und für die ausführenden Baufirmen, es geht um mangelfreie Konstruktionen, die sehr lange haltbar sind.

Diese veränderte Ausgangslage hat viel damit zu tun, dass viele der bauindustriell tätigen Firmen sich auch in der Region Berlin-Brandenburg vom Generalunternehmer zum Generalübernehmer entwickelt und damit auch die Planungsverantwortung übernommen haben. Eine, wie ich meine, sehr logische und richtige Entwicklung, durch die die Kosten im Griff behalten und bei Fehlentwicklungen rechtzeitig die richtigen Maßnahmen ergriffen werden können.

Die Kosten für das Bauwerk sind dabei die eine, wesentliche Seite. Der anderen Seite ist – so ist jedenfalls mein Herangehen – mindestens ebenso viel Aufmerksamkeit zu widmen. Ich spreche hier von den für alle möglichen Prozesse, Baumaterialien, Bauweisen usw. notwendig zu beachtenden Normen. Sie sind wichtig und unverzichtbar. Aber, und das lehrt die Praxis, die Normen dürfen nicht immer komplizierter und umfangreicher werden. Ich bin sicherlich nicht der Erste und ich werde sicherlich auch nicht der Letzte sein, der einer Vereinfachung der unendlich vielen Normen respektive des Normendickichts das Wort redet.

Ich frage mich manchmal angesichts der so komplizierten „Normenlandschaft" ernsthaft, wie ein Planer heutzutage z. B. intelligente Tragwerke entwerfen soll und kann, die für die Gebäude über Jahrzehnte unterschiedliche Nutzungen erlauben. Zum Teil stehen dieser Forderung aktuelle Normen im Wege, zum Teil gibt es dafür überhaupt noch keine Normen.

Aus diesen von mir nur angerissenen veränderten Rahmenbedingungen für den Planungsprozess bei der Vorbereitung von Bauvorhaben ergeben sich meines Erachtens drei wesentliche Prämissen. So sollte sich die Vergütung von Planungsleistungen künftig noch klarer

- an der Wirtschaftlichkeit der Konstruktion,
- an einem möglichst geringen Wartungsaufwand und
- an der Energieeffizienz bzw. den Betriebskosten des Bauwerkes festmachen.

Was von mir hier beschrieben bzw. gefordert wird, sind Dinge, Vorgänge, Tatbestände, mit denen sich alle am Bau Beteiligten – egal ob Auftraggeber, Ingenieurbüro oder ausführendes Bauunternehmen – täglich herumschlagen. Auf das für alle Seiten gedeihliche Miteinander kommt es dabei letztlich an. Die Kosten zu minimieren und die Lebensdauer von Bauwerken, mit sich im Laufe der Zeit ändernder Nutzung, zu verlängern, sind dabei die Richtlinien für heute, aber mehr noch für die Zukunft, an denen keiner vorbeikommt.

LOHNT SICH NOCH EIN STUDIUM DES BAUINGENIEURWESENS? ANMERKUNGEN ZUR KULTUR DES UMGANGS MITEINANDER

Ein Beitrag von Univ.-Prof. Dr.-Ing. Karsten Geißler,
TU Berlin, Lehrstuhl für Entwerfen und Konstruieren – Stahlbau; Partner in der
GMG-Ingenieurgesellschaft Dresden/Berlin; Prüfingenieur für Baustatik

Nach einer Flaute etwa in den Jahren 2002 bis 2008 erleben die deutschen Universitäten in den letzten drei Jahren wieder einen deutlichen Zustrom auf die Studiengänge des Bauingenieurwesens. Dieser Zyklus von ca. fünf Jahren ist ein normaler Prozess, der sich voraussichtlich immer ähnlich wiederholen wird. Die TU Berlin bietet aktuell ca. 150 Studienplätze für das Bauingenieurwesen, wobei bei derzeit über 500 Bewerbern nach einem NC-Auswahlverfahren zugelassen wird. Vor allem im Masterstudium, d. h. ab dem 7. Semester, in dem im Konstruktiven Ingenieurbau beispielsweise die Fächer Brückenbau, Hochbau oder Flächentragwerke werkstoffübergreifend gelehrt werden, stoßen zahlreiche Studierende aus der ganzen Welt dazu. Dieses Interesse an unserem großartigen Beruf ist natürlich zu begrüßen, aber was sollte man den Studierenden neben den fachlichen Fähigkeiten mit auf den Weg geben?

Dazu zunächst die Frage: Warum studiert man Bauingenieurwesen? Die häufigste Antwort ist das Interesse an der praktischen Umsetzung der mathematisch-technischen Fähigkeiten in oft einzigartige Bauwerke, die man in der Gesellschaft „vorzeigen" kann. Deshalb ist die Königsdisziplin des Bauingenieurs auch der Brückenbau, obwohl viele andere Hoch- und Tiefbauten mindestens genauso anspruchsvoll wie Brücken sind. Nicht selten findet man auch Studierende, deren Eltern oder Großeltern Bauingenieure sind oder beispielsweise eine Tischlerei haben und somit den Nachwuchs bereits in der Kindheit für diesen vielseitigen Beruf geprägt haben. Das klingt alles recht positiv.

Aber sollte man die Studierenden auch bereits darauf einstimmen (und manchen damit etwas Idealismus nehmen), dass die spätere Tätigkeit auf der Bauherrenseite, in einem Ingenieurbüro für die Planung eines Bauvorhabens oder in einer Baufirma im Rahmen der Bauausführung in einer in den letzten 20 Jahren von stetig wachsendem Misstrauen geprägten Atmosphäre stattfinden könnte? Sollte man die Empfehlung geben, dass sich die Studierenden lieber umfänglich mit rechtlichen Fragen beschäftigen sollten als mit den einzelnen fundierten Grundlagen des Bauingenieurwesens? Sollte man den Studierenden mitteilen, sich darauf einzustellen, dass ihre zukünftige Arbeitsstunde beispielsweise in der Planung mit 50 Euro bewertet wird und ein anderer Bauingenieur, der vielleicht an der gleichen Universität studiert hat und jetzt in einer Baufirma tätig ist, nochmals bei der Vergabe der Ausführungsplanung hinterfragt, ob nicht auch 40 Euro ausreichend wären?

Netzwerkbogenbrücke als Kreuzungsbauwerk A 72/A 38
südlich von Leipzig (Baujahr 2006)

Man kann nur ganz klar mit „nein" antworten, denn das wäre der komplette Niedergang unseres Berufsstandes. Man muss zu einer Kultur im Umgang zurückfinden, die von gegenseitiger Achtung innerhalb des Projektes geprägt ist, denn nur dann werden uns auch andere Berufsstände achten. Man muss auch dazu zurückfinden, dass ein gesprochenes Wort etwas zählt. Zumal wenn es unter Menschen ausgesprochen wird, die vielleicht Jahre vorher im gleichen Hörsaal gesessen haben. Wer diese Kultur untergräbt, gehört nicht an unseren Tisch! Diejenigen, die sich klug und clever fühlen, weil sie einen anderen durch juristische Winkelzüge „über den Tisch gezogen haben", sind schlichtweg zu verachten. Und man sollte einfach den – wissenschaftlich-technisch interessierten – Studierenden vertrauen, dass sie ähnlich denken und damit zukünftig positiven Einfluss auf die Kultur des Umgangs miteinander nehmen. Wir haben doch einen großartigen Beruf und müssen das in den Vordergrund stellen.

Glücklicherweise gibt es genug Bauingenieure, die in dieser Beziehung ebenso denken und die gegenseitige Achtung zum Maßstab ihres Handelns machen, die ihre eigene Arbeitsleistung nicht finanziell minderbewerten und nicht vor Durchdenken der technischen Sachverhalte dies erst in juristischer Hinsicht tun. Man muss doch aus der jüngeren Geschichte der letzten 200 Jahre lernen, dass die weltweite Anerkennung Deutschlands auf den Naturwissenschaftlern und Ingenieuren – und nicht auf den Juristen – basiert.

Zu diesen positiven Kollegen zähle ich Herrn Dr. Klähne mit den Mitarbeiter(inn)en seines Ingenieurbüros und bin froh, wenn wir uns bei interessanten Bauvorhaben hin und wieder treffen und in entsprechender Kultur miteinander umgehen. In diesem Sinne wünsche ich dem Ingenieurbüro Klähne für die Zukunft alles Gute.

MITARBEITER

Oliver Einhäuser, Kerstin Boos und Mike Owusu-Yeboah
auf der Baustelle der Odertalbrücke

André Piper (Konstrukteur)

Elke Göbel (Konstrukteurin)

Bernd Löser (Projektleiter) vor der Langen Brücke in Potsdam

Christina Trotzky
(Assistentin der Geschäftsführung)

Alejandro Niklison (Tragwerksplaner)

Oliver Einhäuser (Projektleiter) auf der Baustelle der Odertalbrücke

Thomas Klähne (Geschäftsführer)

Jan-Tobias Holberndt (Tragwerksplaner) auf dem Katzengrabensteg, Berlin

Kerstin Boos (Konstrukteurin)

Helen Bletsch-Wohnhas (Sekretariat)

Thomas Klähne, Jan-Tobias Holberndt und Christina Trotzky auf der Havelbrücke OU Rathenow

Andreas Heuer (Geschäftsführer)

Helen Bletsch-Wohnhas, Thomas Klähne und Sebastian Paul

Thomas Klähne und Andreas Heuer

Diana Bartsch (Tragwerksplanerin)

Friso Friese (Tragwerksplaner)

Mike Owusu-Yeboah (Tragwerksplaner) auf der Baustelle der Odertalbrücke

Hakan Gülay (Tragwerksplaner) auf der Admiralbrücke, Berlin

Heike Knobloch (Marketing)

Andreas Heuer, Peter Lenke, Thomas Klähne und Elke Göbel

Peter Lenke (Tragwerksplaner)

Unsere Mitarbeiter seit 1996

Jochen Haensel
Thomas Klähne
Uta Schicht
Markus Porsch
Yvonne Schmidtmeier
Jörg Gilles
Heike Grüter
Michael Hoffmann
Winfried Oswald
Norbert Grunwald
Anett Lischke
Stefan Heyde
Monika Witte
Hendrik Scherz
Thomas Rapp
Frank Bauchspieß
Andrea Bonadt
Andreas Heuer
Elke Göbel
Bernd Löser
Silke Stetzka
Mike Owusu-Yeboah
Monika Nattke
Marlen Zilian
Zuofen Pan
Karsten Vonnekold
Andreas Muschik
Oliver Einhäuser
Petra Neumann
André Piper
Georg Herrmann
Christina Trotzky
Hans Detlev Ibach
Kerstin Hebestreit
Frank Schulze
Matthias Stein
Janine Kohlmann
Sabine Möller
Helen Bletsch-Wohnhas
Sandra Timmermann
Daniel Weinhold
Sebastian Paul
Susanne Hartmann
Peter Lenke
Sandra Fuhrmann
Ayk Schmorde
Jacqueline Lahn
Friso Friese
Katrin Piechowski
Jan-Tobias Holberndt
Gudrun Feuerstake
Kerstin Boos
Christian Andert
Uwe Goetze
Alejandro Jose Niklison
Diana Bartsch
Francesca Saponaro
Heike Knobloch
Hakan Gülay

MEILENSTEINE

Geleitwort 02
Grußworte 05
Mitarbeiter 12

PRÄZISION

Seegartenbrücke
Brückentragwerk, das wegen seiner Filigranität in Fachwerk und Auflagerkonstruktion hohe Genauigkeitsanforderungen an Fertigung und Montage stellte 34

Neues Kranzler Eck, Berlin 38
Trainingshallenkomplex Sportforum Hohenschönhausen, Berlin 40
Fußgängerbrücke bei Elstal 42
Eisenbahnbrücke über den Ziegelgraben, Stralsund 44
Fußgängerbrücke über die A 72 bei Harthsee ... 46

KOMPLEXITÄT

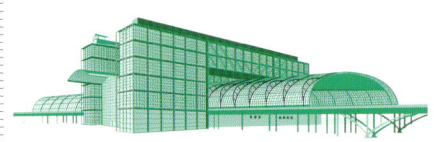

Hauptbahnhof Berlin
Bauwerkskomplex, bestehend aus verschiedenen Bauwerksteilen wie Brücken, Bauteilen des Hoch- und Tiefbaus und Dächern, die baulich und lastabtragend ineinandergreifen 20

Mittelkalorikkraftwerk in Bremen 24
Komplex S-Bahnhof Baumschulenweg, Berlin ... 26
Verlegung der Straßenüberführung Kynaststraße am S-Bahnhof Berlin-Ostkreuz 28
Hochmoselquerung bei Zeltingen 30

INNOVATION

Lange Brücke, Potsdam
Zwei Brücken, deren geringe Bauhöhen durch die Kombination integraler Tragstrukturen in Längs- richtung und flächiger Verbundträgerrostbau- weise der Fahrbahnplatten erreicht werden 50

Neue Messe Stuttgart 54
Eisenbahnbrücken über den Humboldthafen, Berlin 56
Inselteststand der Younicos AG, Berlin 58
Saalebrücke, Merseburg 60

ZEIT

Lebensdauerberechnung Bösebrücke, Berlin
Fachwerkbogenbrücke in höherfestem Nickelstahl von 1904, für die Lebensdauerbetrachtungen eine weitere Nutzung möglich machen 64

Nedlitzer Südbrücke, Potsdam 68
Eiswerderbrücke, Berlin-Spandau 70
Grundinstandsetzung der Charlottenburger Brücke, Berlin 72
Charlottenbrücke, Berlin-Spandau 74

KRAFT

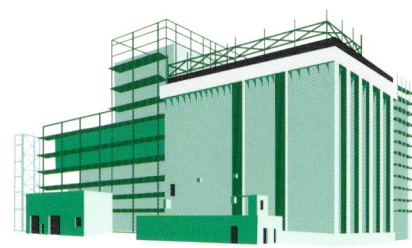

Thermische Restabfallbehandlungsanlage Bitterfeld

Bauliche Anlagen einer Thermischen Restabfallbehandlungsanlage, in deren Zentrum der Brennstoffbunker, der in Gleitbauweise errichtet wurde, steht 78

Teltowkanalbrücke im Zuge der A 113, Berlin ... 82
Mörschbrücke, Berlin 84
Autobahn- und Straßenbrücke über
die Dahme bei Königs Wusterhausen 86
Wendenheidebrücke über die Oberspreestraße,
Berlin 88
Eisenbahnbrücke über den Aland
bei Wittenberge 90

SYMBOLIK

Waldschlösschenbrücke, Dresden

Symbolträchtiges Tragwerk im Zentrum Dresdens, welches durch Wettbewerb und Volksentscheid und eine Fülle öffentlicher Diskussionen vor Verkehrsübergabe Bekanntheit erlangte 94

Nordbrücke Oberhavel, Berlin............................. 98
Fußgängerbrücke, Frankfurt (Oder) 100
Geh- und Radwegbrücke über
den Aalemannkanal in Berlin............................. 102
Stadtkanalbrücke, Brandenburg an der Havel ... 104

PROZESSE

Odertalbrücke bei Bad Lauterberg

Stahlverbundbrücke in Kleinkastenbauweise mit Ortbetonfahrbahnplatte, deren Herstellung verschiedenste Montageprozesse erforderte..... 108

Ortsumgehung Rathenow – Straßenbrücke
über die Havel.. 112
Eisenbahnüberführung Krottnaurerstraße,
Berlin 114
Sandauer Brücke über die Havel in Havelberg ... 116
Ossabachtalbrücke im Zuge der A 72
bei Geithain 118
Pleißenbachtalbrücke im Zuge der A 72 120

MOBILITÄT

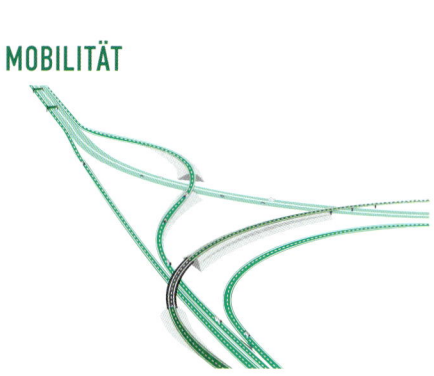

Die Autobahnkreuze und -dreiecke der A 10

Überfliegerbauwerke, die an den Berliner Autobahndreiecken und -kreuzen durch ihre besondere Tragkonstruktion für einen Wiedererkennungswert sorgen 124

Eisenbahnbrücken Hauptbahnhof Berlin............ 128
Nord-Süd-Fernbahnverbindung Berlin,
Abschnitt Gleisdreieck/Yorckbrücken 130
Überführungsbauwerk über
die A 111, BW 3Ü3 132
Bodebrücke, Quedlinburg 134

Chronik 136
Publikationen... 138
Bildnachweis... 139
Impressum 140

KOMPLEXITÄT

Komplexe Tragstrukturen, komplexe Berechnungsverfahren oder komplexe Planungsprozesse – in jedem Falle werden an die Planungsbeteiligten hohe Anforderungen gestellt. Oftmals erfolgt dies noch unter zeitlich eng gesetzten Grenzen, wodurch rasche Entscheidungsprozesse erforderlich werden.

Das Ineinandergreifen verschiedenster Faktoren zeigt sich beispielsweise beim Berliner Hauptbahnhof durch die Vielzahl der Bauteile und Bauwerke, die ihre Lasten aufeinander abtragen. Die Verfolgung dieser Lasten und die Berücksichtigung aller Schnittstellen benötigen den Blick auf das einzelne Bauteil ebenso wie den Blick auf das Ganze. Auch im Falle eines einzelnen Bauwerks – wie beim Hochmoselübergang – kann die Planung sehr komplex werden, da zum einen Bauzustände gegenüber dem Endzustand dominierend werden und zum anderen Lasten und Phänomene zu berücksichtigen sind, die im üblichen Brückenbau mit mittleren Spannweiten nicht auftreten.

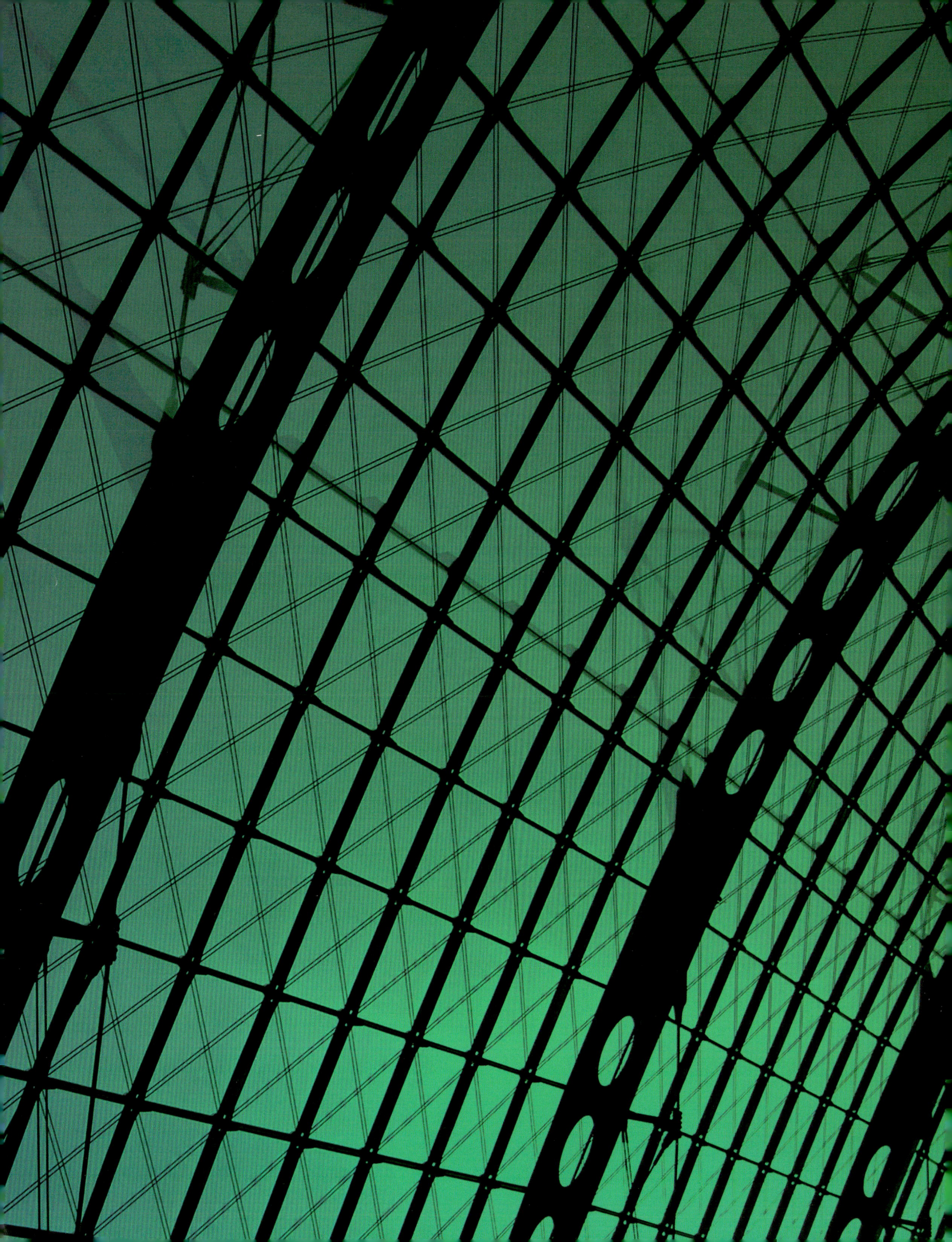

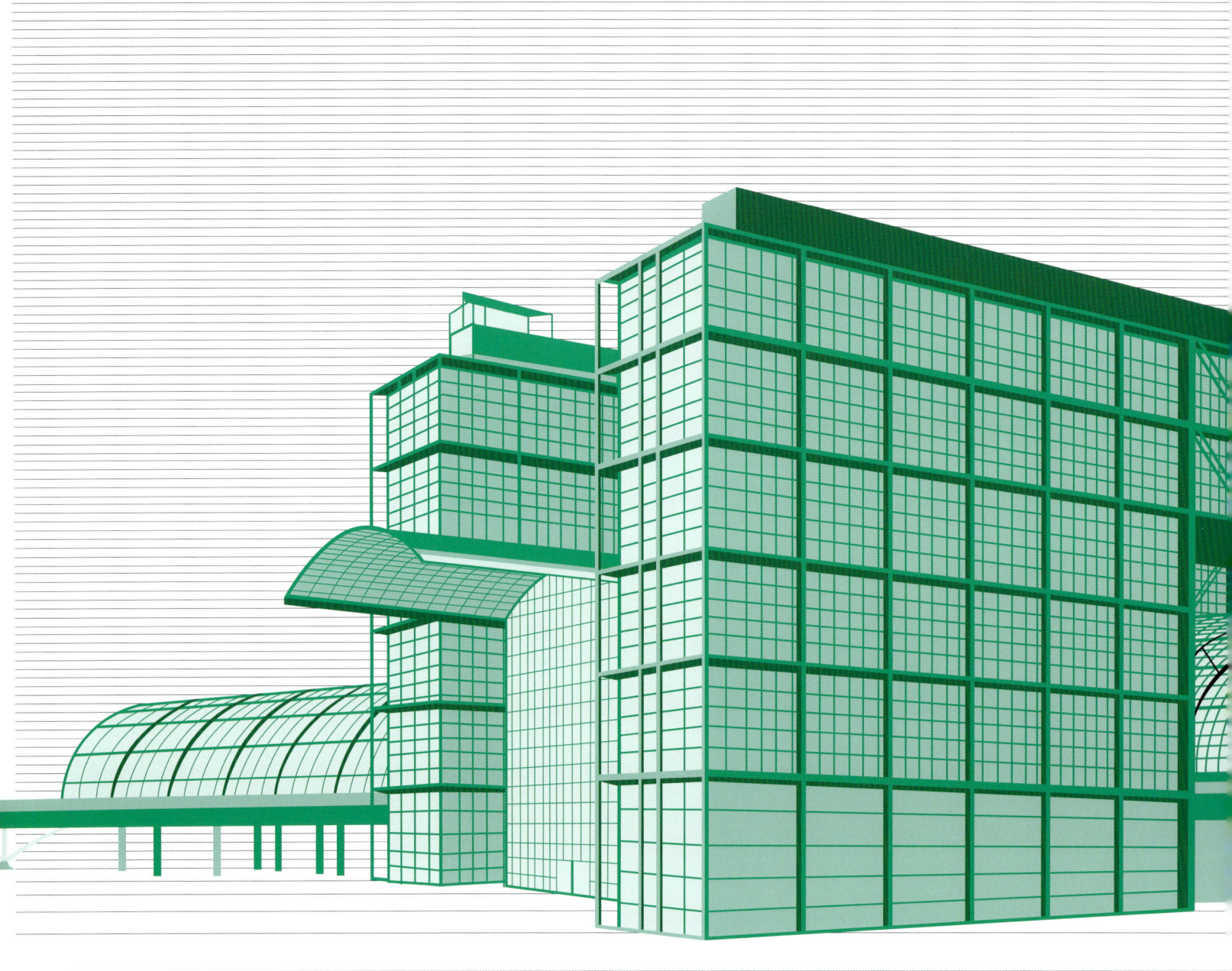

EIN NEUES URBANES ZENTRUM
Hauptbahnhof Berlin

Bautechnische Prüfung

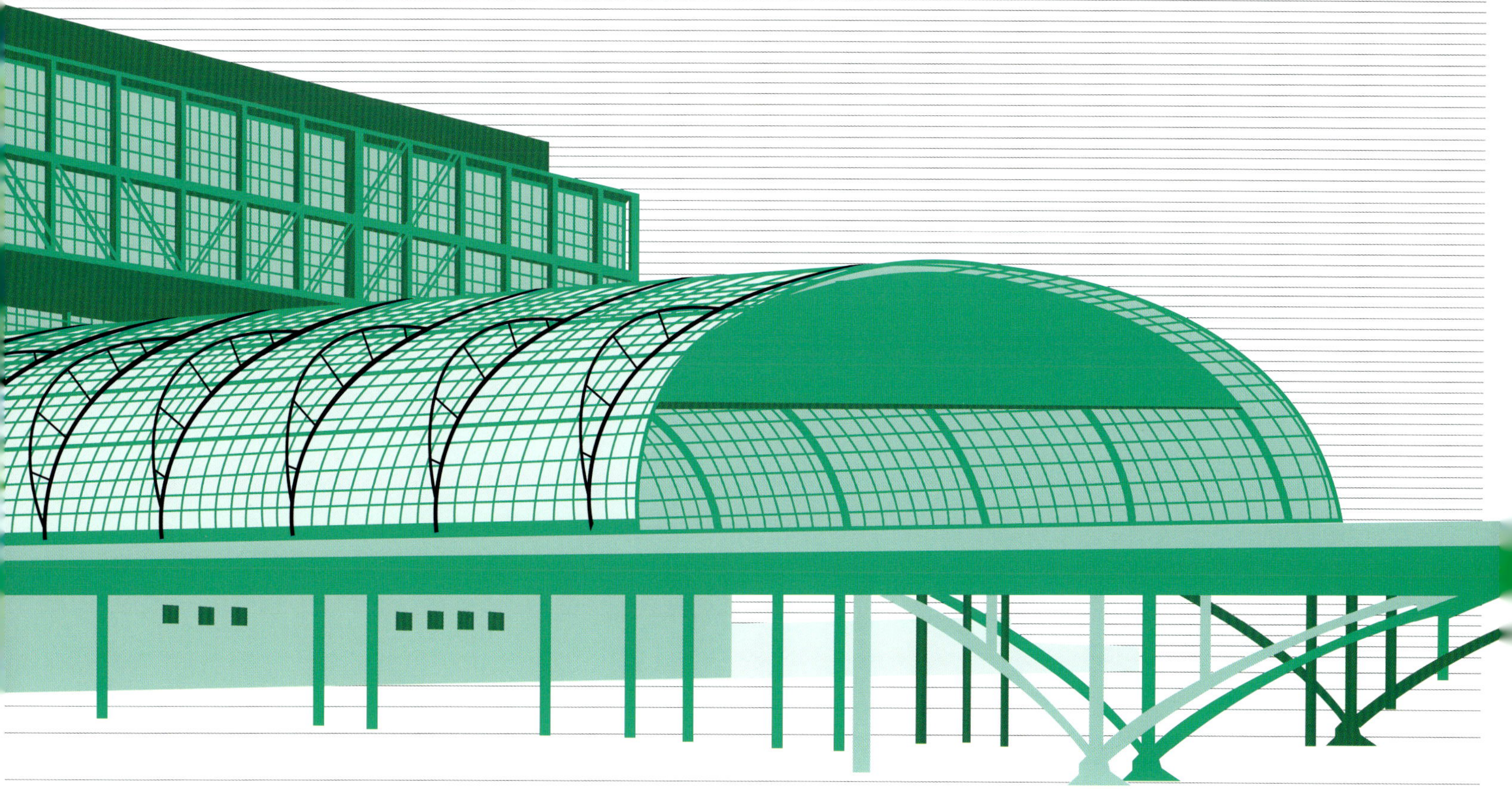

Der heutige Hauptbahnhof Berlin befindet sich an der Stelle des ehemaligen Lehrter Bahnhofes, der den östlichsten Bahnhof der Ost-West-Verbindung in Westberlin zu Zeiten der geteilten Stadt darstellte.

Als hochkomplexes Bauwerk wurde er ab 1997 mit den verschiedenen Teilbauwerken des eigentlichen Nord-Süd-Bahnhofes in Tieflage, der ebenfalls in Nord-Süd-Richtung ausgerichteten Tiefgarage über drei Geschosse, des tiefgelegenen U-Bahnhofes der U5, der in Ost-West-Richtung gelegenen Brückenbauwerke mit der darauf abgesetzten Stahl-Glas-Konstruktion des Daches sowie der beiden markanten Bügelgebäude als Stahlverbundkonstruktionen errichtet. Jedes der genannten Teilbauwerke weist konstruktive und bautechnische Besonderheiten auf, womit über dieses bahntechnische Projekt in vielerlei Hinsicht Neuland betreten wurde. So besteht die Haupttragkonstruktion des Bahnhofes aus einer mittels GEWI-Pfählen nach unten verankerten Bodenplatte, auf die die Stahlverbundstützen mit Belastungen von bis zu 80 MN gegründet sind, die einen Stahlbetonträgerrost mit bis zu 3,50 m hohen Trägern aufnehmen. Die Haupttragkonstruktion des Daches sind unterspannte Seilbinder, für deren Einsatz eine Vielzahl von Konstruktionselementen notwendig wurde, die durch Zustimmungen im Einzelfall geregelt wurden.

Besonderheiten

Die Interaktion der verschiedenen Tragwerksteile der Gesamtstruktur sowohl in konstruktiver und bautechnischer als auch in zeitlicher und montagetechnischer Hinsicht forderte von der bautechnischen Prüfung die Beherrschung der verschiedenartigsten Schnittstellen. Eine Vielzahl von Beteiligten auf Planungs-, Ausführungs- und auch Prüfseite erforderte eine straffe Projektführung. Insbesondere mussten komplexe Bauzustände sowie sich ändernde Zustände der Lastabtragung in Folge von Planungsänderungen während der Bautätigkeit berücksichtigt werden.

Bauwerke

A Kreuzungsbahnhof für den ICE in Berlin, bestehend aus dem eigentlichen Lehrter Bahnhof, dem U-Bahnhof der U5, der Tiefgarage, den Eisenbahnüberführungen und dem Glasdach

B Fernbahnhof in weißer Wanne mit Stahlbetonbodenplatte und auf Stahlverbundstützen und Tunnelwänden gelagerter Stahlbetonträgerrost

C U-Bahnhof als Stahlbetontunnel mit innenliegenden Stahlverbundstützen

D Tiefgarage, viergeschossig, vorrangig Stahlbetonkonstruktion

E Glasdach als Konstruktion mit unterspannten Bindern, zwischen denen das Glasdach nach dem Netzwerkkuppelprinzip angeordnet ist, gelagert auf den Brücken

F Brückenbauwerke: 15 Brücken in Stahlbeton bzw. Spannbetonbauweise als Plattenbalken, auf Stahlstützen gelagert

Bautechnische Prüfung

BAUWERKSDATEN

Kreuzungsbahnhof für den ICE in Berlin, bestehend aus dem Fernbahnhof, dem U-Bahnhof der U5, der Tiefgarage, den Eisenbahnüberführungen und dem Glasdach

Baujahr
1997–2005

Grundrissabmessungen
ca. 450,00 m × 480,00 m
5 Ebenen

Rohbau
Beton: 550.000 m³
Betonstahl: 75.000 t
Stahlbau: 8.000 t

LEISTUNG

Bautechnische Prüfung und Bauabnahmen

BETEILIGTE

Bauherr
Deutsche Bahn,
DB Projekt GmbH Knoten

Bauausführung
Arge Lehrter Bahnhof, Los 1.4

Prüfung
Klähne & Bauchspieß GmbH
für Arge Prüfingenieure
Albrecht-Stucke

Genehmigungsbehörde
Eisenbahn-Bundesamt, Ast Berlin

1 Ansicht des Hauptbahnhofes vom Spreebogenpark
2 Innenansicht des Hauptbahnhofes mit Dachstruktur
3 Vollständige Einrüstung auf den Brücken in Ost-West-Richtung zur Errichtung des Ost-West-Daches
4 Stahlbetonträgerrost auf Verbundstützen
5 Montage des Lagers eines Dachbinders

Mittelkalorikkraftwerk in Bremen

1 Gesamtansicht des 53,00 m hohen Brennstoffbunkers
2 Gleitvorgang des Brennstoffbunkers
3 Baugrubenaussteifung für den Tiefbunker
4 Dachkonstruktion des Brennstoffbunkers

BAUWERKSDATEN

Baujahr
2008

Tragwerkstyp
Stahlbetonbauweise,
schwerer Stahlbau

Kennzeichnende Parameter
Umbauter Raum der beplanten
Bauteile: 90.000 m³
Bruttowärmeleistung: 110 MW
Generatorleistung: 33 MW

Baustoffe
Dach: Stahltrapezblech, Stahlbau
Decken/Wände: Stahlbeton
Stützen: Stahl, Stahlbeton

LEISTUNG

Entwurfs- und Ausführungsplanung

BETEILIGTE

Bauherr
swb Erzeugung GmbH & Co. KG

Generalplaner
Wandschneider + Gutjahr
Ingenieurgesellschaft mbH

Bauausführung
Arge Gebr. Neumann GmbH &
Co. KG, Matthäi Bauunterneh-
men, STS Stahltechnik GmbH

ROH- UND WERTSTOFFE AM HAFEN

Mittelkalorikkraftwerk in Bremen

Das Mittelkalorikkraftwerk (MKK) wurde zur thermischen Verwertung von aufbereiteten Abfällen geplant. Es befindet sich auf dem Gelände des Kraftwerks Hafen der swb in Bremen und wurde in das bestehende Maschinenhaus der ehemaligen Steinkohleblöcke integriert.

Unser Büro erbrachte die Tragwerksplanung für den Brennstoffbunker, das Schaltanlagengebäude mit Treppenturm, Speisewasserpumpenraum, die Gründungen für den 60 m hohen Stahlschornstein, Siloverladung, Abgasreinigung und Kesselhaus sowie für diverse andere Bauteile. Unsere Ingenieure beplanten in großem Umfang sowohl schweren Stahlbau als auch Stahlbetonbau. Daneben wurden auch dynamische Aufgabenstellungen zu Maschinenfundamenten abgearbeitet.

Teilweise sind die Bauwerke auf Ortbetonbohrpfählen gegründet. In den Bereichen der Flachgründung sind die Bodenplatten mit bis zu 2,00 m Dicke ausgeführt worden.

Besonderheiten

Der 53 m hohe Brennstoffbunker und der Treppenturm wurden in Gleitbauweise gefertigt. Es wurden hohe Anforderungen an die Rissbreitenbeschränkung gestellt, so durften die Risse im Brennstoffbunker aus Gründen der Dichtheit 0,15 mm nicht überschreiten.

Große Herausforderungen für unsere Tragwerksplaner und Konstrukteure stellten die engen Planungszusammenhänge dar. So mussten aufgrund geänderter Forderungen der Anlagenplanung noch während des Gleitprozesses Modifizierungen in der Statik und in der Bewehrungsplanung vorgenommen werden.

Komplex S-Bahnhof Baumschulenweg, Berlin

1 Rahmenbauwerk mit denkmalgeschütztem Portal und Innenansicht mit den alten gusseisernen Binderstützen
2 Brückenbauwerke über die Baumschulenstraße
3 Bogentragwerke über den Britzer Verbindungskanal während der Montage und im Endzustand

BAUWERKSDATEN

Baujahr
2007–2011

Teilprojekt 1
S-Bahnhof Baumschulenweg, bestehend aus 2 Rahmenbauwerken als Empfangsgebäude, Widerlagern, 2 Bahnsteigbrücken, 5 Bahnbrücken, 2 Bahnsteigen sowie Dächern

Teilprojekt 2
2 zweigleisige Bogenbrücken über den Britzer Verbindungskanal als Stahltragwerke (Langerscher Balken)

Abmessungen
Teilprojekt 1
Überbaute Grundrissfläche: 2.200,00 m²
Brückenlänge: 44,00 m
Brückenbreite gesamt: 10,00 m
Teilprojekt 2
Brückenlänge: 25,00 m
Brückenbreite gesamt: 40,00 m

Baustoffe
Teilprojekt 1
Rahmenbauwerke: Stahlbeton
Bahnsteigbrücken: S355, C30/37
Bahnbrücken: S355
Teilprojekt 2
Bahnbrücken: S355

LEISTUNG

Bautechnische Prüfung

BETEILIGTE

Bauherr
DB ProjektBau GmbH, Niederlassung Ost
Bauausführung
EUROVIA Beton GmbH
Genehmigungsbehörde
Eisenbahn-Bundesamt, Ast Berlin

DENKMAL, GESCHÜTZT

Komplex S-Bahnhof Baumschulenweg, Berlin

Der Baumschulenweg hat dem Gärtner, Botaniker und Baumschulenbetreiber Franz Späth (1839–1913) nicht nur seinen Namen zu verdanken. Seinen Bemühungen folgend wurde am 20. Mai 1890 die Haltestelle Baumschulenweg der Görlitzer Eisenbahn in Betrieb genommen.

Im Zuge der Grunderneuerung der S9 wurde auch der Komplex Baumschulenweg einem fundamentalen Umbau unterzogen. Die Maßnahme beinhaltete verschiedene, eng zusammenhängende Teilmaßnahmen. Dazu zählen u. a. der Neubau der Rahmenbauwerke aus massivem Stahlbeton mit der Erweiterung der Bahnsteigzugänge sowie die Erneuerung der S-Bahnsteige, der S-Bahn- und Fernbahnbrücken über die Baumschulenstraße, der beiden Eisenbahnbrücken über den Britzer Verbindungskanal als Stabbogenbrücken mit einer Länge von 44 m und der Uferschutzwände in unmittelbarer Nähe der Eisenbahnüberführung.

Besonderheiten

Aus tragwerksplanerischer Sicht wurden hohe Ansprüche an die komplexe Konstruktion der Rahmenbauwerke gestellt. Diese fungieren als Empfangsgebäude und zugleich als Widerlager für die neue 25 m lange Eisenbahnüberführung über die Baumschulenstraße. Die Berechnung eines solchen Gebäudes wäre ohne die umfassende Anwendung der Finite-Elemente-Methode nicht realisierbar gewesen. Die Berücksichtigung der verschiedenen Bauzustände beim Umbau des Bahnhofes unter rollendem Rad stellte eine weitere große Herausforderung an die Ingenieure dar.

VERSCHIEBUNG OST

Verlegung der Straßenüberführung Kynaststraße am S-Bahnhof Berlin-Ostkreuz

Der S-Bahnhof Ostkreuz im Berliner Stadtteil Friedrichshain ist der am meisten frequentierte Nahverkehrs- und Umsteigebahnhof in Berlin. Hier steigen laut Angaben der Deutschen Bahn täglich bis zu 140.000 Menschen um. Seit 2007 wird der Bahnhof bei laufendem Betrieb vollständig umgebaut. Bis 2016 sollen die Arbeiten abgeschlossen sein.

Im Zuge dieser Umgestaltung wurde das Kreuzungsbauwerk der Ringbahn erweitert und die Kynaststraße mit Brücke nach Osten verschoben. Dabei wurde die vorhandene Straßenüberführung zurückgebaut und durch eine neue Brücke mit angrenzenden Stützwänden und Treppenanlagen ersetzt. Die Stahlbrücke mit einer Gesamtlänge von 172,31 m und einer Breite von 12,00 m geht über vier Felder mit Stützweiten von 47,82 m + 42,26 m + 39,08 m + 43,15 m. Der Querschnitt wird durch einen einzelligen Stahlhohlkasten mit orthotroper Fahrbahnplatte gebildet; die Widerlager sind als Kastenwiderlager mit angehängten Parallelflügeln ausgebildet und flach gegründet, die Stahlbetonpfeiler auf Bohrpfählen tief gegründet.

Nördlich und südlich der Straßenüberführung schließen sich Rampen an, die mit der neuen Trassenführung wieder an den Bestand angebunden werden. Die Rampen werden aus Stahlbetonwinkelstützwänden mit insgesamt 444 m Länge gebildet, teilweise flach, teilweise auf Bohrpfählen und teilweise auf Bodenverbesserungsmaßnahmen gegründet.

Besonderheiten

Bei der Herstellung der Unterbauten für Brücke und Stützwände waren Erschwernisse durch Altbestand (benachbarte Bauwerke) zu berücksichtigen; der Betrieb der Bahnanlagen musste aufrechterhalten werden. Dabei wurden im Laufe des Baugeschehens ungünstigere Bodenverhältnisse als erwartet vorgefunden. Die Folge waren zusätzliche Gründungsmaßnahmen wie die Errichtung von Bohrpfählen und Rüttelstopfsäulen.

BAUWERKSDATEN

Baujahr
2008–2010

Konstruktionstyp
Durchlaufträger mit orthotroper Fahrbahnplatte

Abmessungen
Länge: 172,31 m
Breite: 12,00 m

Baustoffe
Überbau: S355
Unterbauten: C30/37
Treppen, Stützwände: C30/37
Bohrpfähle: C25/30

LEISTUNG

Ausführungsplanung

BETEILIGTE

Bauherr
Senatsverwaltung für Stadtentwicklung, Berlin

Bauausführung
EUROVIA Beton GmbH, Zweigstelle Cottbus

Ausführungsplanung
Klähne Ingenieure GmbH

1 Im Vordergrund der Rohbau der neuen Überführung Kynaststraße, mit dem markanten Wasserturm am S-Bahnhof Ostkreuz

2 Untersicht der Kynastbrücke mit den weitauskragenden Kragarmen

Hochmoselquerung bei Zeltingen

BAUWERKSDATEN

Baujahr
2011–2015

Konstruktionstyp
Durchlaufträger über 11 Felder als stählerner Hohlkasten mit orthotroper Platte

Abmessungen
Länge: 1.702,35 m
Max. Feldlänge: 209,52 m
Breite: 29,00 m

Baustoffe
Überbau: S355
Unterbauten: C30/37, C35/45

LEISTUNG

Ausführungsplanung Überbau

BETEILIGTE

Bauherr
Landesbetrieb Mobilität Trier

Bauausführung
EIFFEL Deutschland Stahltechnologie GmbH, PORR Technobau und Umwelt GmbH

Ausführungsplanung Unterbauten
EHS Ingenieure

Ausführungsplanung Überbau
Klähne Ingenieure GmbH

1 Visualisierungen des Brückenbauwerkes in der Osellandschaft

2 FEM-Modell zur Ermittlung lokaler Beanspruchungen im Tragwerk

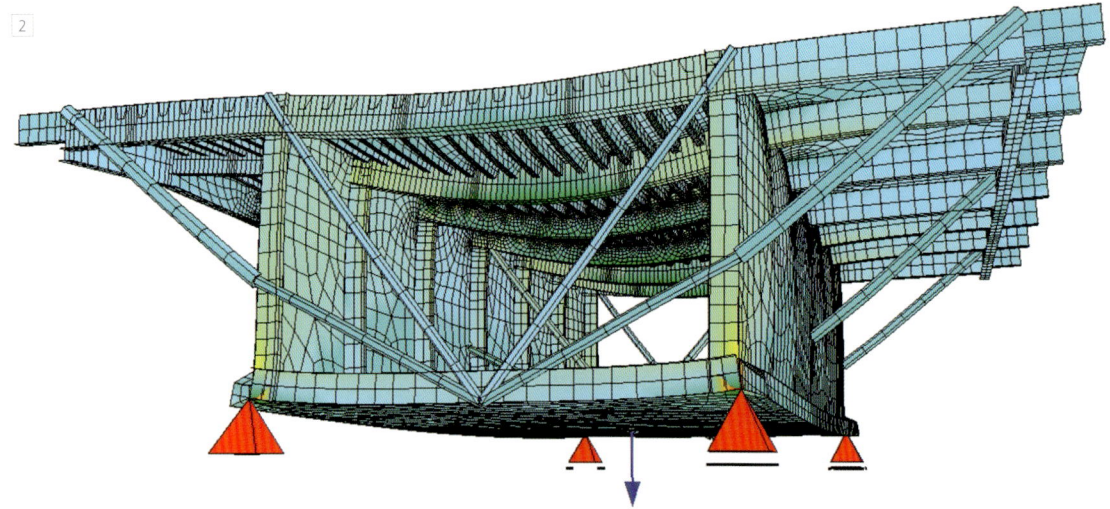

TRASSE MIT WEITSICHT

Hochmoselquerung bei Zeltingen

Die neue Hochmoselbrücke ist Teil eines Projekts mit strukturpolitisch herausragender Bedeutung. Gebaut wird bis 2014 eine Fernstraßenstrecke, die belgische und niederländische Nordseehäfen sowie die belgischen Ballungsräume mit dem Rhein-Main-Gebiet verbindet. Dabei spannt sich die neue Hochtrasse auf einer Länge von 1,7 km und in einer Höhe von 158 m über das Moseltal. Mit der Streckenführung der „B 50 neu" und dem zentralen Hochmoselübergang bei Zeltingen-Rachtig soll darüber hinaus auch die westliche Eifelregion besser erschlossen werden.

Der Stahlüberbau ist ein torsionssteifer Hohlkasten mit einer Breite von 11,00 m und Bauhöhen von 5,27 m bis 7,79 m, wobei die orthotrope Fahrbahnplatte beidseitig mit 9,00 m auskragt. Jeder 3. Querträger ist als Verband ausgebildet, dessen äußere Rohrprofile den die orthotrope Platte unterstützenden Längsträger tragen.

Der Überbau ist mit den vier mittleren Pfeilern biegesteif verbunden, auf allen anderen Pfeilern ist er gelenkig gelagert. Zur Begrenzung von Verformungen werden an beiden Widerlagern Bewegungsbegrenzer mit Kapazitäten von 550 mm angeordnet.

Die Montage erfolgt nach Herstellung der Pfeiler als Taktschieben unter Einsatz eines ca. 80 m hohen Hilfspylons und einer Abspannung.

Besonderheiten

Die Ausführungsstatik für den Überbau in dieser Größe ist wegen der Kopplung mit der Festpfeilergruppe und der Vielzahl der Lastkombinationen im Bau- und Endzustand sich ändernder Systeme äußerst komplex und umfangreich. Neben der Dimensionierung des Überbaus für den Endzustand spielen die Bauzustände beim Einschub eine dominierende Rolle bei der Bemessung. Es sind dabei vor allem dynamische Effekte, die sich vorrangig durch Windbeanspruchung ergeben, zu berücksichtigen.

PRÄZISION

Der planende Ingenieur ist von seinem Habitus an sich schon präzise. Seine Berechnungen, Zeichnungen, Arbeitsdokumente zeichnen sich durch hohe Genauigkeit aus.

Darüber hinaus sind aber – und dies besonders im Stahlbau – enge Toleranzen gesetzt, die sowohl bei der Fertigung in der Werkstatt als auch bei der Montage berücksichtigt werden müssen. Hier kommt es selbst bei großen Spannweiten mit über 100,00 m auf Millimeter an. So ist es – wie bei der Seegartenbrücke – notwendig, dass Bauwerkssegmente mit großen Abmessungen bei der Montage passen und auf der Baustelle mit den geometrischen Anforderungen der Schweißtechnik gefügt werden. Aber auch bei fertigen Bauwerken sind den Toleranzen Grenzen gesetzt, wenn man an die Klappbrücke über den Ziegelgraben in Stralsund denkt, die nach jedem Klappvorgang in ihre Ursprungslage zurückkehren muss.

VON SEEN UMGEBEN
Seegartenbrücke

Ausführungs-
planung

BAUWERKSDATEN

Baujahr
2004–2006

Konstruktionstyp
Stahlfachwerk als 3-feldriger Durchlaufträger

Abmessungen
Stützweiten: 52,00 m + 100,00 m + 52,00 m
Breite: 12,50 m

Baustoffe
Überbau: S355J2G3

LEISTUNG

Ausführungsplanung Überbau

BETEILIGTE

Bauherr
Stadt Brandenburg an der Havel

Bauausführung
Arge DSD Brückenbau GmbH mit Bilfinger + Berger Bau AG

▼

1 Einschwimmen des mittleren Montagesegmentes

2 Die Geschäftsführer Dr.-Ing. Thomas Klähne und Dr.-Ing. Hans Detlev Ibach auf der Baustelle

Der Ort Kirchmöser ist ein Industrierevier mit wechselvoller Geschichte und wird durch einen Kranz von Seen umgeben. Einen davon, den Wendsee, hat man schon seit 1650 überbrückt, um in die Stadt Brandenburg gelangen zu können.

Als Ersatzneubau für die nach Kriegszerstörung 1951/52 wieder aufgebaute zweite Seegartenbrücke in Brandenburg an der Havel wurde eine neue Brücke einschließlich neuer Unterbauten an gleicher Stelle errichtet. Die neue Brücke ist eine gerade dreifeldrige Fachwerkbrücke mit orthotroper Fahrbahnplatte und Spannweiten von 52,00 m + 100,00 m + 52,00 m = 204,00 m. Die Brücke ist statisch bestimmt gelagert mit Festpunkt auf einem Pfeiler und Zugverankerungen an den Widerlagern wegen der kurzen Endfelder. Die Herstellung des dreiteiligen Stahlbaus erfolgte mittels Vormontage und Einschwimmen der drei Montageschüsse auf Pontons. Nach dem Verschweißen der Konstruktion wurden die Festpunkte auf die Widerlager abgesenkt.

Besonderheiten

Bei der Erstellung der Standsicherheitsnachweise wurde die Konstruktion in den Vordergrund gestellt. Durch Ausbildung kerbarmer Details konnten die teilweise maßgebenden Ermüdungsnachweise so geführt werden, dass das Konstruktionsgewicht auf 1.100 t Baustahl bei Erfüllung aller Standsicherheitsbedingungen eingehalten werden konnte.

BAUWERKSDATEN

Baujahr
2000

Nutzung
Büro- und Geschäftshaus

Tragwerkstyp
Verbundbau, Stahlskelettbau

Kennzeichnende Parameter
Auskragender Teil:
10,30 m × 19,60 m × 20,00 m

LEISTUNG

Ausführungsplanung des sogenannten Bilka-Flügels

BETEILIGTE

Bauherr
DIFA Deutsche Immobilien Fonds AG, Hamburg

Bauausführung
Stahl- und Verbundbau GmbH, Berlin

SCHWEBEND ÜBER DEM WARENHAUS

Neues Kranzler Eck, Berlin

Der Warenhauskonzern Hertie hatte in den 50er Jahren Bilka als Niedrigpreiskaufhauskette konzipiert. Die Erfolgsgeschichte von Bilka hielt einige Jahrzehnte an und erreichte in den 70er Jahren ihren Höhepunkt. Insgesamt wurden zur damaligen Zeit in der Bundesrepublik und Westberlin 53 Filialen gezählt.

Eine dieser Filialen befand sich am legendären Café Kranzler. Das Neue Kranzler Eck ist das Gebäudeensemble in unmittelbarer Nähe, das durch den amerikanischen Architekten Helmut Jahn kurz vor der Jahrtausendwende konzipiert wurde.

Das Hauptgebäude – ein 17-geschossiger Bürobau – nimmt eine Grundfläche von 127,00 m × 57,00 m ein. Als Bilka-Flügel wird der frei auskragende Teil des Gebäudes bezeichnet, der über das Dach des ehemaligen Billigkaufhauses hinausragt. Die Auskragung des 5. bis 7. Obergeschosses wurde durch vier Fachwerkscheiben realisiert, deren Gurte als Kammerbetonträger ausgeführt sind. Die Pfosten sind als Verbundstützen mit Einstellprofilen gefertigt worden, die Fachwerkdiagonalen sind reine Stahlbauelemente. Zwischen den Fachwerkscheiben wurden die Deckenebenen in Verbundbauweise hergestellt.

1 Enorme Stabkräfte erfordern die Ausbildung massiver Fachwerkknoten
2 Die tragenden Fachwerkscheiben, bevor sie durch die Glasfassade verdeckt wurden
3 Kammerbetonträger vor dem Ausbetonieren

Besonderheiten

Die Montage des Bilka-Flügels erfolgte ohne Zuhilfenahme von Absteifungskonstruktionen. Durch feldweises Aufbauen der Fachwerke und das Ändern der Steifigkeiten während der Montage war es möglich, weitgehend auf Hilfskonstruktionen zu verzichten.

Trainingshallenkomplex Sportforum Hohenschönhausen, Berlin

1 Fußpunkt
2 Aufwendig konstruierte Knoten ermöglichen eine einfache Montage vor Ort
3 Durch die rautenförmige Anordnung stabilisieren sich die Fachwerkträger untereinander

BAUWERKSDATEN

Baujahr
1968–1971
Tragwerkstyp
Schalenfachwerk
Kennzeichnende Parameter
Halle A
Länge: 120,00 m, Breite: 60,00 m
Halle B
Länge: 115,00 m, Breite: 36,00 m
Baustoffe
Dach: Stahlleichtbau
Wände: Stahl-Glas-Fassade
Stützen: Stahl

LEISTUNG

Bautechnische Prüfung der Nachrechnung und Ertüchtigung

BETEILIGTE

Bauherr
Senatsverwaltung für Stadtentwicklung, Berlin, Senatsverwaltung für Inneres und Sport, Berlin
Architekt
Marbacher Bauleitungs- und Planungsgesellschaft mbH, Berlin

LEICHTBAU UND LEICHTATHLETIK

Trainingshallenkomplex Sportforum Hohenschönhausen, Berlin

Der Trainingshallenkomplex des Sportforums Berlin-Hohenschönhausen wurde zur Förderung des olympischen Nachwuchses der ehemaligen DDR errichtet. Mit einer freien Spannweite von 60,00 m und einer Länge von 120,00 m umfasst die Trainingshalle A eine komplette Leichtathletikanlage mit 400-m-Bahn sowie Hochsprung- und Kugelstoßanlagen.

Die Dachkonstruktion wird als aufgelöste Schale aus Fachwerkbindern gebildet, deren Bauhöhe nur 75 cm beträgt. Die Schalentragfähigkeit wird durch die beidseits in den Traufpunkten angeordneten Kämpfer gewährleistet. Diese leiten die aus der Tragwirkung der gekrümmten Schale resultierenden Horizontaldrücke in die Fundamente ab. Die Fachwerkbinder im Abstand von 4,60 m sind in einem Winkel von 20° schräg angeordnet, so dass sie sich gegenseitig horizontal stabilisieren.

Die Trainingshalle B mit einer freien Spannweite von 36,00 m und einer Länge von 115,00 m fasst eine Eissportarena und zwei Ballsportplätze. Auch hier handelt es sich um eine rautenförmig aufgelöste Schale, die im Gegensatz zur Trainingshalle A jedoch nur aus einfachen Stahlrohrprofilen gebildet wird.

Damit der Trainingsbetrieb auch im Winter fortgeführt werden kann, werden beide Hallen energetisch saniert. Dazu wird die Dachkonstruktion mit einer besseren Wärmedämmung ausgestattet und unter Berücksichtigung der gestiegenen Schnee- und Windlastanforderungen von ihrer Tragfähigkeit neu bewertet und verstärkt.

Besonderheiten

Die Verstärkungsmaßnahmen beinhalten nicht nur die Verstärkung bestehender Stäbe, sondern teilweise auch den Umbau bestehender Konstruktionen mit Änderung statischer Systeme. Besonderes Augenmerk muss dabei auf die Standsicherheit der bestehenden Knoten gelegt werden.

MONTAGE MIT PASSUNG

Fußgängerbrücke bei Elstal

Im Zuge des vierstreifigen Ausbaus der Bundesstraße B 5 von Berlin in Richtung Nauen wurde in Nähe der Gemeinde Elstal eine Fußgängerbrücke über die B 5 errichtet, die das 1936 errichtete ehemalige olympische Dorf mit einem Naherholungsgebiet verbindet.

Das Brückenbauwerk besteht aus zwei echten Bögen mit einer Spannweite von 42 m, an die der Gehbahnlängsträger mit je vier Hängern angehängt ist; er ist auf Widerlagern gegründet. Die beiden Bögen aus Rohren mit Durchmessern von 0,40 m sind durch zwei Querriegel über der Gehbahn gekoppelt. Der Gehbahnlängsträger ist mit einer Bauhöhe von nur 0,50 m sehr schlank und wird durch einen dreizelligen Hohlkastenquerschnitt gebildet.

Die Brücke wurde in Seitenlage vormontiert und die Widerlager wurden mit den Auflagerpunkten betoniert. Das Einheben der Brücke erfolgte in einer Nachtsperrpause mittels Kranmontage, wobei wegen Anhängen der Brücke in den Bogenbereichen die Bogenfußpunkte zur Passgenauigkeit zurückgezogen werden mussten.

Besonderheiten

Da die Fußgängerbrücke eine sehr leichte und transparente Konstruktion darstellte, waren Untersuchungen zu den durch Fußgänger induzierten Schwingungen erforderlich. Im Ergebnis dieser Schwingungsuntersuchungen wurden die beiden Bögen zur Sicherung der Querstabilität miteinander verbunden. Obwohl die Biegeeigenfrequenz der Brücke noch in das Eigenfrequenzspektrum der Fußgänger fiel, konnte durch Berechnungen zu den erzwungenen Schwingungen infolge verschiedener Fußgängerverkehrsbelastungen (ein Fußgänger, mehrere Fußgänger, Hüpfen) abgesichert werden, dass die Beschleunigungs- und Bewegungsamplituden so gering sind, dass der Komfort der Fußgänger nicht beeinträchtigt wird.

BAUWERKSDATEN

Baujahr
2001

Konstruktionstyp
Echter Bogen mit aufgehängten Längsträgern

Abmessungen
Länge: 42,00 m
Breite: 3,34 m

Baustoffe
Überbau: S355J2G3
Unterbauten: B25, B35

LEISTUNG

Bautechnische Prüfung

BETEILIGTE

Bauherr
Landesbetrieb Straßenwesen Brandenburg

Bauausführung
Strabag Bau-AG

1 Unteransicht der Brücke
2 Kranmontage bei Nacht
3 Bogenfußpunkte
4 Vormontage der Brücke seitlich des endgültigen Standortes

Eisenbahnbrücke über den Ziegelgraben, Stralsund

BAUWERKSDATEN

Baujahr
2006–2007

Konstruktionstyp
Waagebalkenklappbrücke

Abmessungen
Länge: 28,25 m
Breite: 5,70 m

Baustoffe
Baustahl: S355J2G3

LEISTUNG

Bautechnische und schweiß-
technische Prüfung, bauaufsichtliche Abnahmen

BETEILIGTE

Bauausführung
DB Instandsetzung Ost, Dresden

Bauherr
DB Netz AG Instandsetzung Ost

Prüfung
Dr.-Ing. Thomas Klähne

Genehmigungsbehörde
Eisenbahn-Bundesamt,
Ast Schwerin

▼

Das Klappen der Eisenbahnbrücke erfolgt nahezu zeitgleich mit dem Klappen der nebenliegenden Straßenbrücke

PRÄZISION IN JEDER LAGE

Eisenbahnbrücke über den Ziegelgraben, Stralsund

Seit 75 Jahren führt die 133 m lange und im mittleren Teil als Klappbrücke konstruierte (alte) Ziegelgrabenbrücke die Bahnstrecke Stralsund–Sassnitz über den Ziegelgraben und verbindet das Festland mit der zu Stralsund gehörenden Insel Dänholm vor der Insel Rügen.

Die ursprüngliche Straßenklappbrücke wurde 1936 als voll geschweißte Konstruktion errichtet; 1992 wurde die Brücke wegen Mängeln und Kriegsschäden komplett neugebaut. Auch diese Nachfolgekonstruktion erlitt wegen konstruktiver und statischer Mängeln Deformationen und Schäden, so dass abermals eine Neukonstruktion erforderlich wurde. Aufgrund der geometrischen Bedingungen wurden beim Neubau Form und Konstruktion von 1992 im Wesentlichen beibehalten.

Die Klappe der sogenannten Waagebalkenklappbrücke wurde als Trogbrücke mit offener Fahrbahn und einer Spannweite von 28,25 m bei 3,45 m hohen Hauptträgern ausgeführt. Der Waagebalken hat eine Länge von 27,50 m, wobei das Gegengewicht zugunsten der Oberleitung in geteilter Form realisiert wird. Dabei sind die Waagebalken über Drehlager auf dem Stahlpylon aufgelagert und über Zugstangen seitlich mit den Federbalken verbunden. Die Federbalken bewirken eine Entkoppelung der dynamischen Beanspruchung bei Zugüberfahrt zwischen Klappe und Waagebalken.

Die Oberleitungsrahmen sind auf den Federbalken angeordnet und tragen die Fahrleitung. Das Klappen der Brücke erfolgt über zwei Hohlzylinder, die am Pylonfuß gelagert sind und an den Klappenteilen angreifen. Das Klappen erfolgt bis in nahezu senkrechte Lage.

Bauablauf/Besonderheiten

Bei der Konstruktion und Montage des gesamten Tragwerkes musste eine hohe geometrische Genauigkeit erreicht werden, um die Stabilität der Gleislage nach den Klappvorgängen zu sichern. Dies betrifft die Feinjustierung der verschiedenen Lager, die für die Kinematik der Brücke sorgen. Um die Zylinderkräfte beim Anheben der Klappe zu minimieren, wurde die Brücke über Feintariergewichte auf eine Mindestspitzenlast eingestellt und erhielt außerdem eine Spitzenverriegelung und Spitzenzentrierung.

DURCH EIN TOR ÜBER DIE AUTOBAHN

Fußgängerbrücke über die A 72 bei Harthsee

Die Geh- und Radwegbrücke über die Autobahn 72 bei Harthsee ist als asymmetrisches Einfeldstahlrohrfachwerk geplant. Beidseitig der Gehbahn befinden sich die Fachwerkträger mit veränderlicher Querschnittshöhe. Die Gehbahn wirkt dabei als tragendes Element im Querschnitt mit und wird als luftdicht verschweißter Hohlkasten gebildet.

Auf der Seite Harthsee werden die Hauptträger biegesteif in das Widerlager eingespannt. Um die Auflagerkräfte in den Baugrund abzuleiten, werden vier Großbohrpfähle erforderlich, davon werden je zwei als Druck- bzw. Zugpfähle hergestellt. Auf der Seite Bubendorf ist die Brücke längsverschieblich gelagert. Das Widerlager ist als Kastenwiderlager ausgebildet und flach gegründet.

Besonderheiten

Bei der Ausbildung von Rohrfachwerken ist die Verschneidung der Rohre zum Anschluss an die Knoten eine große Herausforderung. Dies umso mehr, wenn es sich nicht um regelmäßige Fachwerke, sondern um räumlich gekrümmte Strukturen handelt. Diese Genauigkeit und die der exakten Einpassung der Fachwerkfußpunkte in das Widerlager stellten hohe Ansprüche an die Herstellung und Montage.

Bautechnische Prüfung   47

BAUWERKSDATEN

Baujahr
2010–2011

Konstruktionstyp
Einfeldstahlrohrfachwerk

Abmessungen
Stützweite: 47,91 m
Breite: 2,50 m

Baustoffe
Überbau: S355J2G3
Unterbauten: C30/37, C34/45

LEISTUNG

Bautechnische Prüfung

BETEILIGTE

Bauherr
DEGES GmbH

Bauausführung
Glass Ingenieurbau Leipzig

Planung
GMG Ingenieurgesellschaft mbH

Prüfingenieur
Dr.-Ing. Thomas Klähne

1 Fertiggestellte Fachwerkbrücke über die noch im Bau befindliche A 72
2 Genauigkeiten in der Detailausbildung der Knotenpunkte

INNOVATION

Innovation im Bauwesen kann sich auf vielfältige Weise zeigen, zum Beispiel in neuen Tragwerksstrukturen, in neuen Bau- und Montageverfahren, in neuen Werkstoffen oder in neuen Berechnungsverfahren. Diese Faktoren bedingen sich gegenseitig, wie die Geschichte des Bauens zeigt, immer gingen Material, Statik, Fertigung einher.

So sind die Brücken über die Havel (Lange Brücke, Potsdam) das Ergebnis jüngerer Diskussionen zu integralen Bauwerken einerseits und der Verbundbauweise andererseits und führen in der Summe zu innovativen und auch gestalterisch anspruchsvollen Tragwerken. Andere Beispiele, die hier gezeigt sind, sind die Erstanwendung von ermüdungsbeanspruchten, verschweißten Stahlgussbauteilen im Eisenbahnbrückenbau oder die Verbundfertigteilträgerbauweise (VFT®–Büro SSF) bei der Saalebrücke, Merseburg.

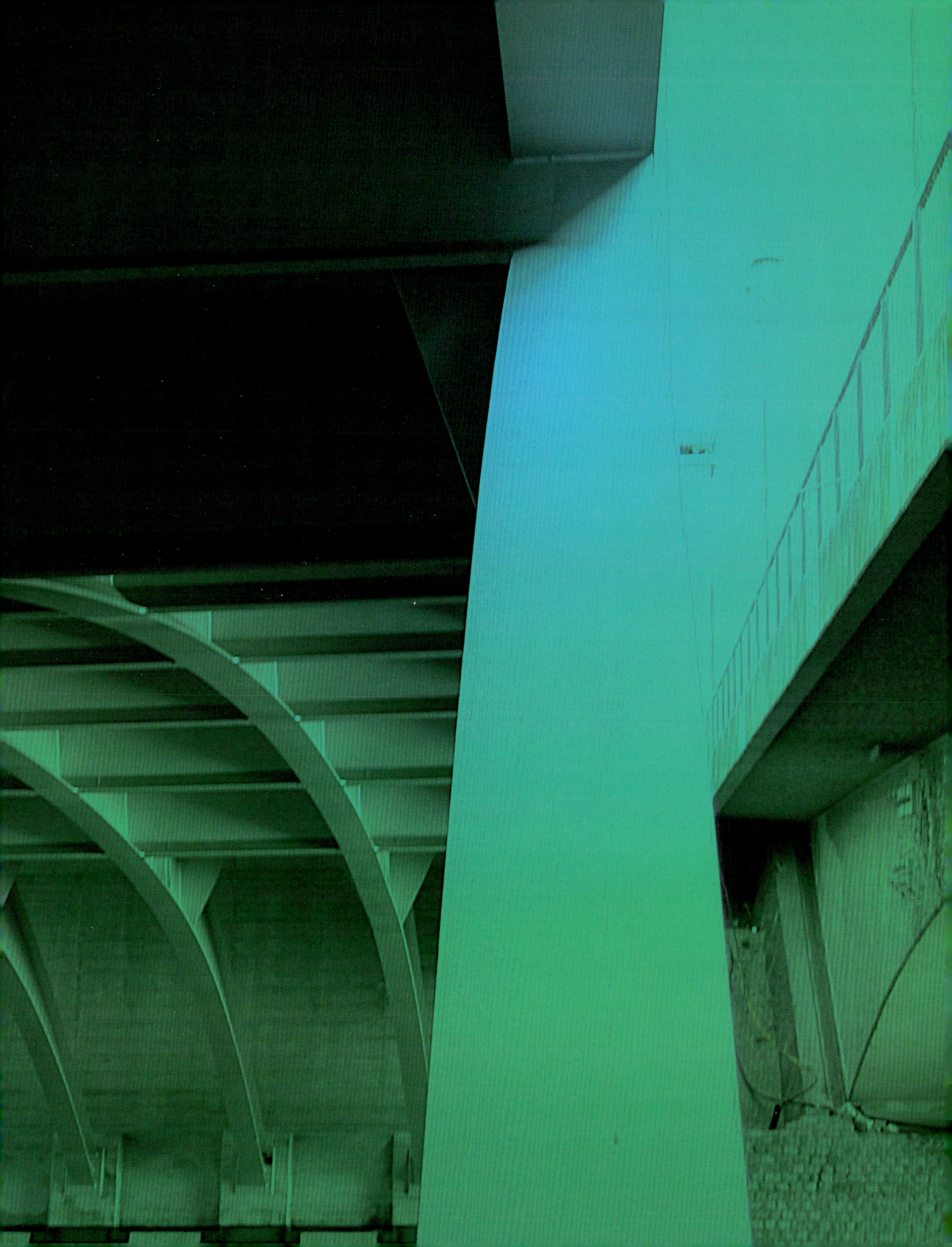

Lange Brücke, Potsdam

SPRUNG ÜBER DIE HAVEL
Lange Brücke, Potsdam

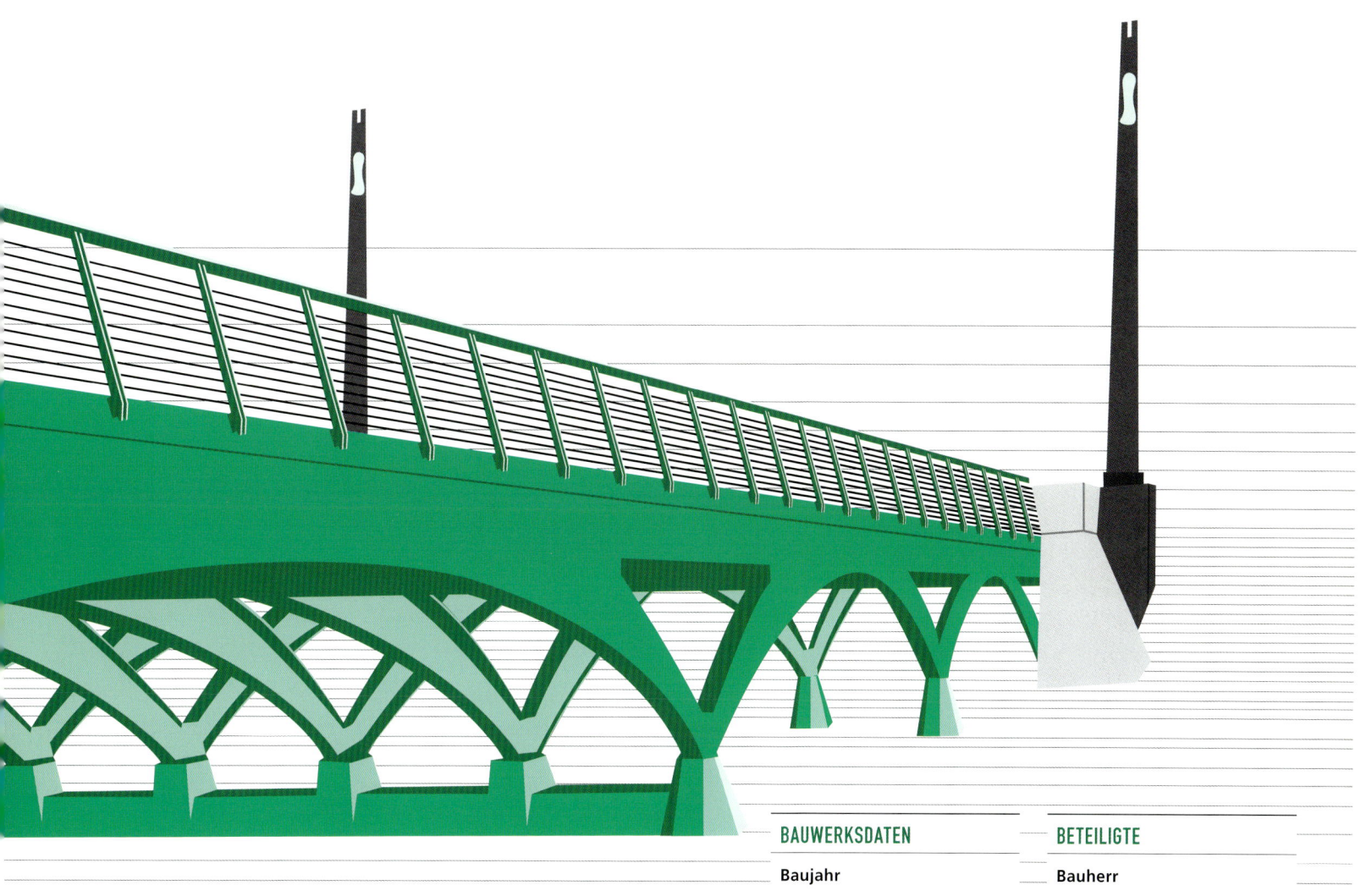

BAUWERKSDATEN

Baujahr
2006–2009

Konstruktionstyp
Integrale Rahmenbauwerke mit Verbundquerschnitt

Abmessungen
Länge: 70,00 m (Alte Fahrt),
58,80 m (Neue Fahrt)
Breite: 15,50 m

Baustoffe
Überbau: S355J2G3, C35/45
Unterbauten: C20/25-C30/37

LEISTUNG
Wettbewerbsgewinn, Entwurfs- und Ausführungsplanung, Fremdüberwachung Stahlbau

BETEILIGTE

Bauherr
Stadt Potsdam, vertreten durch Sanierungsträger Potsdam GmbH

Bauausführung
Arge Potsdam Mitte,
Schäfer-Bauten GmbH,
Berlin-Brandenburg, Seddiner See, Beton & Rohrbau, Potsdam,
B.E.S.T.BAU, Potsdam

Planergemeinschaft
Klähne & Bauchspieß GmbH (Tragwerksplaner)
Henry Ripke Architekten, Berlin (Architekten)
locodrom, Berlin (Landschaftsarchitekten)

Für die Wiedererrichtung des Potsdamer Stadtschlosses wurde ein Umbau des angrenzenden Verkehrsknotens einschließlich der Langen Brücke erforderlich. Für den Straßen- und Fußgängerverkehr wurde parallel zu den bestehenden Brücken ein neuer Brückenzug errichtet. Der Ersatzneubau der Straßenbrücken erfolgt zu einem späteren Zeitpunkt.

Der Entwurf folgt der Idee eines Steinwurfes über die Havel, mit an Höhe und Weite abnehmenden Bögen. Der Entwurf wurde in integraler Bauweise als Rahmenbauwerk umgesetzt. Dabei wurden zwei Brücken über die Havel errichtet. Zum einen die südlich gelegene einfeldrige Brücke über den Havelarm Neue Fahrt und zum anderen die nördlich gelegene dreifeldrige Brücke über den Arm Alte Fahrt.

Die beiden Bauwerke folgen demselben Konstruktionsprinzip: Es sind integrale Bauwerke, wobei die Überbaukonstruktionen in die Widerlager – bei der Alten Fahrt zusätzlich in die Pfeiler – biegesteif eingespannt sind. Die Konstruktionen, scheinbar Bogentragwerke, sind statisch gesehen aufgelöste Sprengwerke, wobei die Rahmenecken an den Widerlagern durch die Fahrbahn und die untere Strebe so aufgelöst werden, dass hohe Eckmomente aufgenommen werden können. Aus statisch-konstruktiver Sicht war das entscheidende Entwurfskriterium die Minimierung der Bauhöhe zum Erreichen der erforderlichen Gradiente und Schifffahrtsöffnung. Hierzu wurde als Haupttragwerk die integrale Brücke gewählt, wobei die sieben eng liegenden Hauptträger mit Querträgern verbunden wurden. Die so geschaffene Stahlstruktur wurde an die Fahrbahnplatte schubsteif angeschlossen, womit eine Flächentragwirkung erzielht wird. Der Verbundquerschnitt führt außerdem zur Versteifung und damit zur Verringerung von Schwingungsgefahren.

Besonderheiten

Der Entwurf ging als Sieger aus einem von der Stadt Potsdam ausgelobten Wettbewerb hervor. Nach Errichtung der Brücke wurde der Entwurf mit dem Sonderpreis des Europäischen Stahlbaupreises 2010, dem Deutschen Ingenieurbau-Preis 2010 (Auszeichnung zum Preis) und dem Brandenburgischen Baukulturpreis 2011 ausgezeichnet.

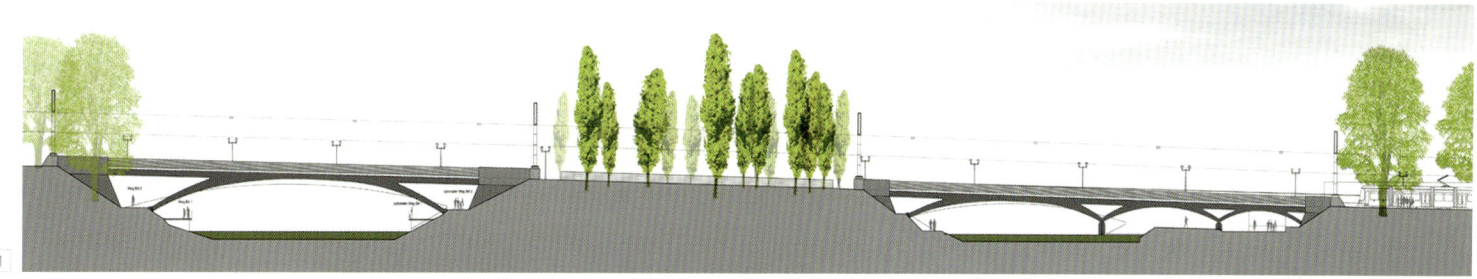

| Wettbewerb | Ausführungs-planung | | Stahlbau-überwachung | 53

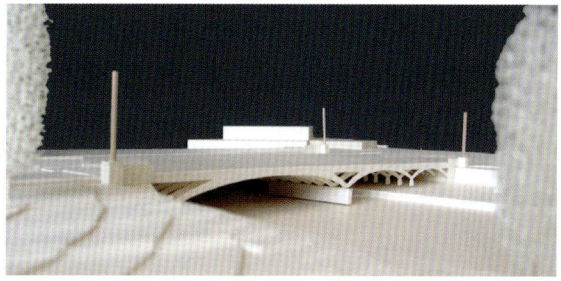

1 Die neue Brücke über die Neue Fahrt mit einem Bogen und über die Alte Fahrt mit drei Bögen
2 Modelldarstellung aus dem Wettbewerb mit dem gut ablesbaren Entwurfsgedanken „Sprung über die Havel"
3 Einspannung der Stahlkonstruktion in die Pfeiler

Neue Messe Stuttgart

BAUWERKSDATEN

Baujahr
2005–2007

Tragwerkstyp
Hängedächer als Spannbandkonstruktion

Kennzeichnende Parameter
Grundrissfläche: 155,00 m × 56,00 m je Höhe

Baustoffe
10.000 t Stahltonnage

LEISTUNG

Ausführungsplanung und Beratung der Baufirma

BETEILIGTE

Bauherr
Projektgesellschaft Neue Messe GmbH & Co. KG, Stuttgart

Bauausführung
Krupp Stahlbau Hannover GmbH

▼

1 Mächtige Stützenböcke bilden zusammen mit dem liegenden Fachwerk das Widerlager für die Spannbänder

2 Erst die mit Messebesuchern angefüllte Halle vermittelt einen Eindruck ihrer Größe

HÄNGENDE DÄCHER

Neue Messe Stuttgart

Zu Beginn der 90er Jahre wurde erkannt, dass der damalige Standort der Messe Stuttgart am Killesberg keine ausreichenden Zukunftsperspektiven für die weitere Entwicklung bot. Unzureichende Ausstellungsfläche, fehlende Erweiterungsmöglichkeiten sowie unzulängliche Verkehrsanbindung machten die Suche nach einem neuen Standort erforderlich. Dieser fand sich in der Nähe des Flughafens.

Mit der Gründung einer Projektgesellschaft und dem Erlass des Landesmessegesetzes begann im Jahr 1998 das Planfeststellungsverfahren für die Neue Messe. Die Firma Krupp Stahlbau Hannover GmbH wurde mit dem Bau von sieben baugleichen Messehallen betraut. In ihrem Auftrag überarbeiteten unsere Ingenieure die vorliegende Genehmigungsplanung. Im Zuge der Detailplanungen wurden die Dächer von der Tragstruktur her neu konzipiert. Ebenso wurden die Lasteinleitungspunkte an den Verbundstützenböcken komplett umgeplant.

Die Haupttragelemente der Dachkonstruktion bestehen im Wesentlichen aus Spannbändern, die durch HEA-Profile gebildet werden. Die Dächer sind mit einer großen Krümmung ausgeführt worden, um eine günstige Seilwirkung der Spannbänder zu aktivieren. Tangential wurden an den Trauf- und Firstpunkten liegende Fachwerkträger konzipiert, die die Seilkräfte auf mächtige Verbundstützenböcke im Inneren der Hallen absetzen.

Besonderheiten

Große Herausforderungen ergaben sich aus der Planung der Zwischenzustände. Für die Bauphase musste die spätere Erdauflast für eine Begrünung mit Hilfe von Jumbopacks simuliert werden, um die Durchbiegungen vorwegzunehmen. Unsere Tragwerksplaner berechneten die Dächer unter Einfluss großer Deformationswinkel nach Theorie III. Ordnung.

MIT SPANNUNG ÜBER DEN HAFEN

Eisenbahnbrücken über den Humboldthafen, Berlin

Die Humboldthafenbrücke ist eine Eisenbahnüberführung in der östlichen Verlängerung des Hauptbahnhofes Berlin. Sie besteht aus insgesamt sieben Einzelbauwerken, die im Grundriss gekrümmt sind. Auf der östlichen Seite befinden sich drei Zweifeldbrücken auf Stahlstützen. Den Humboldthafen überspannen vier Brücken, die als Mischkonstruktionen aus Stahlbögen und Stahlstützen als Unterbauten sowie Spannbetonbalkenquerschnitten als Überbauten konstruiert sind. Die Brücken sind vorrangig auf Schlitzwänden gegründet, teilweise wurden auch Flachgründungen mit Bodenverbesserung verwendet.

Besonderheiten

Bei der Humboldthafenbrücke in Berlin mit ihrer sehr filigranen Bauweise wurden für den Eisenbahnbrückenbau in Deutschland neue Wege begangen. Mit dem Einsatz von Stahlguss für die Bogenfußpunkte und für die Bogenknotenelemente mit Stückgewichten von bis zu 22 t wurde weltweit erstmals Stahlguss für Eisenbahnbrücken eingesetzt.

Wegen der Schlankheit der Überbauten wurden die Brückenquerschnitte lediglich beschränkt vorgespannt. Für all diese konstruktiven Besonderheiten waren jeweils Zustimmungen der Genehmigungsbehörde erforderlich.

BAUWERKSDATEN

Baujahr
1997–2000

Konstruktionstyp
Auf Bögen aufgeständerter Durchlaufträger

Abmessungen
Länge: ca. 240,00 m
Breite: ca. 33,00 m bis 66,00 m

Baustoffe
Beton: B25-B55
Stahlstützen: S355J2G3
Stahlguss: GS-20Mn5V
Spannglieder: St1570/1770

LEISTUNG

Bautechnische Prüfung, Bauaufsichtliche Abnahmen

BETEILIGTE

Bauherr
DB ProjektBau GmbH

Bauausführung
PORR Technobau Berlin GmbH

Prüfung
Klähne & Bauchspieß GmbH
für Arge Prüfingenieure
Albrecht-Stucke

Genehmigungsbehörde
Eisenbahn-Bundesamt, Ast Berlin

▼

1 Schweißen eines Bogenknotens mit Wärmeeintrag durch Induktionsschleifen
2 Bogenfußpunkt in Stahlguss

Inselteststand der Younicos AG, Berlin

BAUWERKSDATEN

Baujahr
2008

Tragwerkstyp
Stahl-Glas-Bau, Stahlskelettbau
Grundfläche: 1.300,00 m²

Baustoffe
Dach: Stahltrapezblech, unterspannte Stahlbinder
Decken: Zwischendecken in Stahlbeton
Wände: Halbfertigteile aus Stahlbeton
Stützen: Stahlbau
Fassade: Profilglas

LEISTUNG

Bautechnische Prüfung

BETEILIGTE

Bauherr
Younicos AG (vormals Solon laboratories AG), Berlin

Bauausführung
Stahl- und Verbundbau GmbH, Berlin

1 Die Schaltzentrale erinnert an die Kommandostation des Raumschiffes Enterprise und spannt damit einen Bogen in die Zukunft

2 Wandelemente aus Gussglas verleihen der Halle Transparenz

REIF FÜR DIE INSEL

Inselteststand der Younicos AG, Berlin

Auf der Basis regenerativer Energien wird seit 2009 auf dem Inselteststand in Berlin-Adlershof die Versorgung einer Azoreninsel mit Elektroenergie simuliert.

Das eigenständige Netz soll auf 70–90% Wind- und Solarenergie basieren und mit einem sogenannten Biodiesel-Back-up ergänzt werden. Mit Hilfe des Inselteststandes werden durch Younicos Konzepte zur Netzregelung und zum Energiemanagement entwickelt. Im Blickpunkt der Simulationen steht die Verwendung von Natrium-Schwefel-Großbatterien mit einer Leistung von 1 MW als Speichermedium.

Die tragende Konstruktion der Außenhülle des Teststandes wird durch ein Stahlskelett gebildet. Unterspannte Stahlprofile tragen das Dach. Die Trapezbleche in der Dachebene sind konstruktiv als Schubfeld ausgebildet. Sie hindern die Dachbinder am Ausknicken. Eine Kranbahn zur Umsetzung schwerer Lasten überstreicht einen Teil der Hallenfläche.

Der Steuerstand befindet sich auf der 2. Ebene, die konstruktiv als Flachdecke ausgebildet ist. Die Wände und Decken sind aus Halbfertigteilen hergestellt, wodurch eine sehr kurze Bauzeit ermöglicht wurde. Die Hallenstützen wurden als Flachgründung auf Einzelfundamenten abgesetzt.

Um eine hohe Verschleißfestigkeit zu erzielen, wurde der Hallenboden in Stahlfaserbeton konzipiert.

Saalebrücke, Merseburg

1 Gestalterisch gelungene Einpassung des Brückenbauwerkes in die natürliche Umgebung der Saale
2 Herstellung der Ortbetonergänzung auf den Verbundfertigteilträgern

BAUWERKSDATEN

Baujahr
2002

Konstruktionstyp
Eingespannter Rahmen in Stahlverbundbauweise

Abmessungen
Stützweite: 55,40 m
Breite: 22,30 m

Baustoffe
Überbau: S355, B35, B55
Unterbauten: B25, B35, B45

LEISTUNG

Bautechnische Prüfung

BETEILIGTE

Bauherr
Straßenbauamt Halle
Entwurf
SSF Ingenieure AG
Bauausführung
Echterhoff Bau GmbH Dessau
Prüfung
Dr.-Ing. Thomas Klähne

SPIEGELUNG DER TRÄGER

Saalebrücke, Merseburg

Die neue Straßenbrücke im Zuge der B 181 von Merseburg nach Leipzig stellt eines der ersten Beispiele der integralen Bauweise unter Verwendung von Verbundfertigteilträgern (VFT®) dar. Die Brücke wird durch zwei Überbauten gebildet, bei denen die Stahlverbundfertigteilträger in die Rahmenstiele aus Beton biegesteif eingebunden sind. Die Rahmenstiele selbst werden durch Bohrpfähle im Boden gehalten, um eine ausreichende Einspannung und damit Rahmenwirkung zu erzielen. Die Rahmenriegel sind torsionsweiche Hauptträger mit einer werkseitig hergestellten ca. 10 cm dicken Fahrbahnplatte, die durch eine Ortbetonplatte auf der Baustelle ergänzt wurde.

Besonderheiten

Mit einer Spannweite von 55,40 m war diese Brücke die seinerzeit längste Brücke unter Verwendung von Verbundfertigteilträgern. Neben der eigentlichen Montage wird die Länge der Träger vor allem durch Bedingungen des Transports vom Fertigteilwerk zur Baustelle begrenzt. Das Bauwerk wurde auf der Grundlage eines Sonderentwurfs des Ingenieurbüros SSF hergestellt.

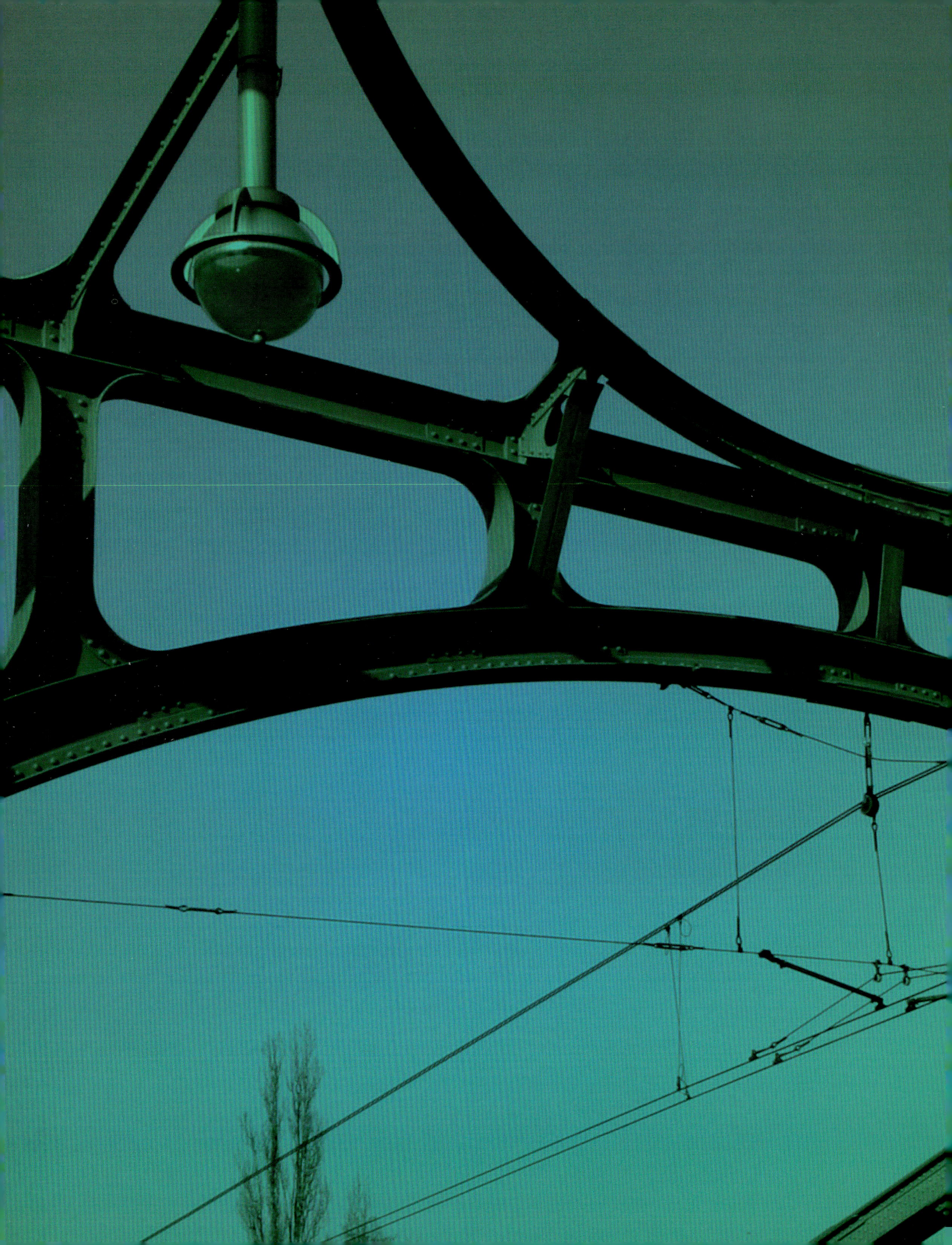

ZEIT

In jüngerer Zeit wird offensichtlich, dass es nicht darum gehen kann, ständig neue Verkehrsinfrastruktur zu schaffen, sondern darum, die bestehende zu erhalten. Neben der Erhaltung durch Sanierung oder Instandsetzung wie bei der Charlottenburger Brücke in Berlin geht es aber auch um den Erhalt von Zeugnissen alter Baukultur.

So gibt es eine Reihe erhaltenswürdiger Brücken, die oft aus alten genieteten Stahltragwerken bestehen. Hier ist ein sensibles Herangehen durch den Ingenieur gefragt; er ist gefordert, möglichst realistische Annahmen hinsichtlich der statischen Modellbildung, der Belastung des Tragwerks und der verwendeten Materialien zu treffen. Seine Berechnungsmethoden gehen über die bekannten statischen Methoden oftmals hinaus, so sind bei der Bestimmung der Lebensdauern weitere Kenntnisse in der Ermüdungsberechnung und Bruchmechanik erforderlich. Die hier vorgestellten Projekte der Bösebrücke, Eiswerderbrücke und Charlottenbrücke sind Berliner Bauwerke, bei denen sich unterschiedliche Aufgaben zu Lebensdauerberechnung, Schadensbeurteilung oder Umbauten stellten.

STABILITÄT FÜR GENERATIONEN
Lebensdauerberechnung Bösebrücke, Berlin

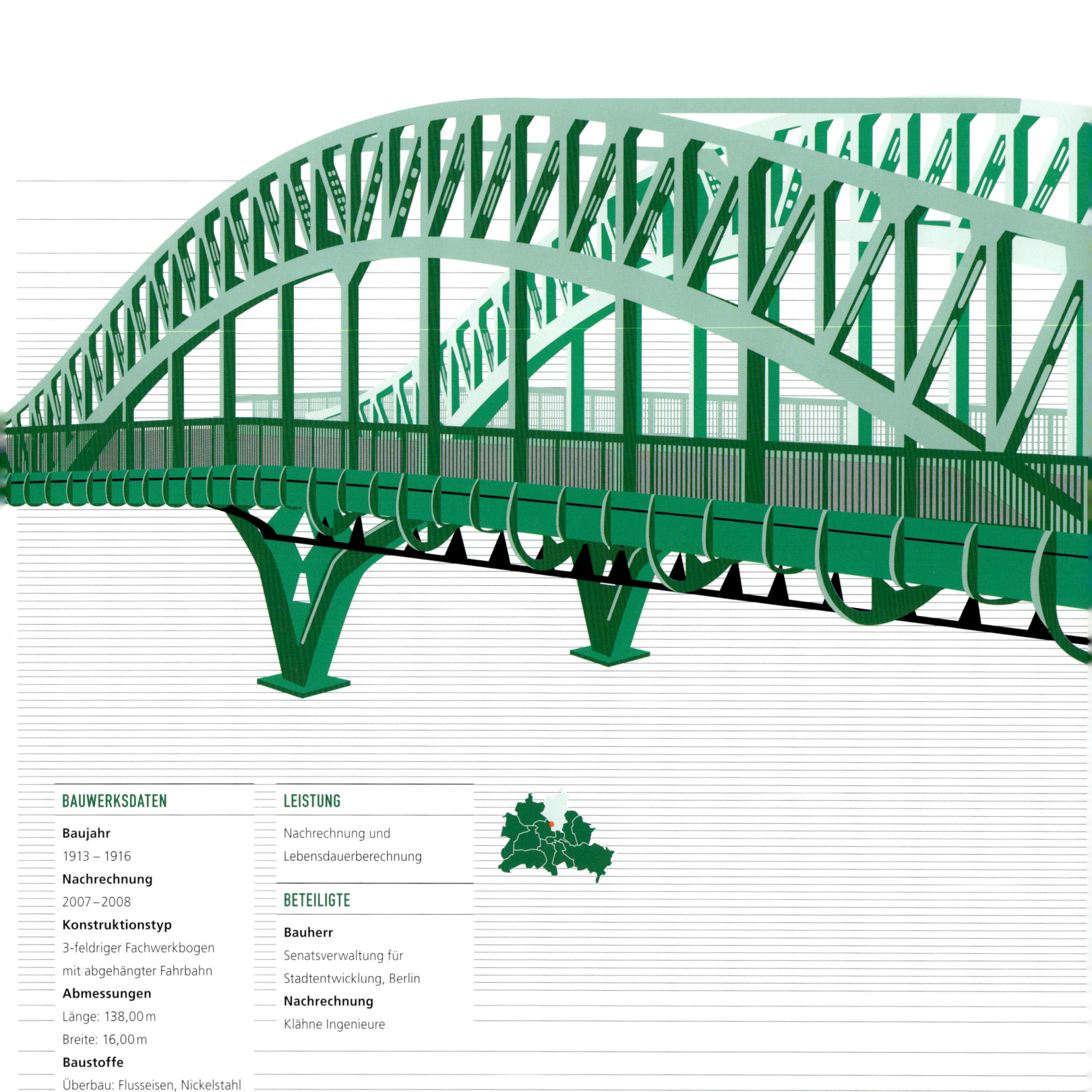

BAUWERKSDATEN

Baujahr
1913 – 1916

Nachrechnung
2007 – 2008

Konstruktionstyp
3-feldriger Fachwerkbogen mit abgehängter Fahrbahn

Abmessungen
Länge: 138,00 m
Breite: 16,00 m

Baustoffe
Überbau: Flusseisen, Nickelstahl

LEISTUNG

Nachrechnung und Lebensdauerberechnung

BETEILIGTE

Bauherr
Senatsverwaltung für Stadtentwicklung, Berlin

Nachrechnung
Klähne Ingenieure

Nachrechnung

Die Bösebrücke im Berliner Stadtteil Prenzlauer Berg wurde 1916 als eine der drei „Millionenbrücken" (Baukosten über 1 Mio. Reichsmark) fertiggestellt. 1948 wurde sie nach dem 1944 in Brandenburg ermordeten Widerstandskämpfer Wilhelm Böse benannt. In den Jahren 1960–1989 befand sich hier, direkt an der Bornholmer Straße, einer der wenigen Grenzübergänge zwischen Ost- und Westberlin; am 9. November 1989 wurde er als erster Grenzübergang geöffnet. An seiner Nordostseite wurde später der Platz des 9. November als Gedenkstätte eingerichtet.

Die denkmalgeschützte Brücke ist eine genietete Stahlbrücke aus Flussstahl und hochfestem Nickelstahl, die als Dreifeldbrücke mit Stützweiten von 25,50 m + 87,00 m + 25,50 m ausgebildet ist. Das mittlere Feld wird durch zwei korbbogenförmige genietete Fachwerkträger überspannt, die sich in den Randfeldern fortsetzen. Die Fahrbahn aus genieteten Querträgern und einer Eisenbetonrippendecke ist über Hänger an die Fachwerkträger abgehängt.

Besonderheiten

Da die „alte Dame" auch weiter für den Verkehr genutzt werden soll, wurde eine Nachrechnung mit einer zusätzlichen Lebensdauerberechnung erforderlich. Hierzu wurde das System der alten Fachwerkbrücke als 3-D-Modell nachgebaut und möglichst wirklichkeitsgenau abgebildet. Bei der Berechnung wurden möglichst realistische Systemannahmen und Lastannahmen getroffen, um die Brücke nicht „kaputtzurechnen". Als Ergebnis der Berechnung wurden verschiedene Sanierungsmaßnahmen empfohlen, die die Lebensdauer günstig beeinflussen.

Nachrechnung 67

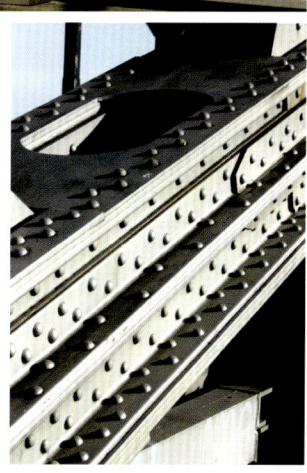

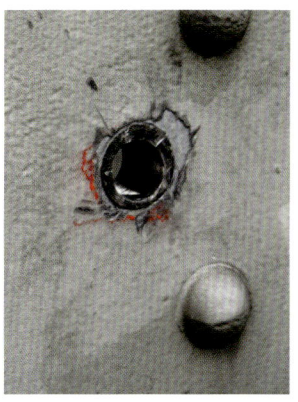

1 Die filigrane Stahlkonstruktion bestimmt das Bild der Bösebrücke
2 Rechenmodell zur Ermittlung der Restlebensdauer der Brücke

Nedlitzer Südbrücke, Potsdam

BAUWERKSDATEN

Baujahr
2010–2011

Konstruktionstyp
Stabbogenbrücke mit orthotroper Fahrbahnplatte

Abmessungen
Stützweite: 83,65 m
Breite: 15,70 m

Baustoffe
Überbau: S355J2
Unterbauten: C25/30, C30/37

LEISTUNG

Fremdüberwachung Stahlbau

BETEILIGTE

Bauherr
Wasserstraßen-Neubauamt Berlin

Bauausführung
Arge Nedlitzer Südbrücke,
MATTHÄI Bauunternehmen GmbH & Co. KG und
OSB Oderberger Stahlbau GmbH

1 Während des Einschwimmens der neuen Brücke am 6. Juli 2011

2 Blick von oben auf die neu montierte sowie die alte, bestehende Brücke

NEUER BOGEN GEGEN ALTES FACHWERK

Nedlitzer Südbrücke, Potsdam

Die Nedlitzer Südbrücke überführt die Bundesstraße B 2 im Potsdamer Vorort Nedlitz über den Sacrow-Paretzer Kanal.

Die alte Nedlitzer Südbrücke von 1933 war im Zweiten Weltkrieg zerstört und 1950 unter Verwendung der alten Stahlbauteile und der Widerlager als Fachwerkbrücke neu aufgebaut worden.

Der Ersatzneubau wurde direkt neben dem alten Brückenbau als Stabbogenbrücke ohne Kanalpfeiler mit einer Durchfahrtshöhe von 5,25 m errichtet.

Der Querschnitt wird durch die zwei außenliegenden Hohlkästen mit dazwischen liegender orthotroper Stahlfahrbahnplatte gebildet, wobei der Abstand der Querträger zwischen den Hauptträgern ca. 2,77 m beträgt. Die Bögen sind ebenfalls aus Hohlkästen gebildet und haben einen Bogenstich von ca. 14 m. Die Fahrbahnplatte wird von Hängern mit Durchmessern von 90 mm getragen.

Der Überbau lagert auf massiven Widerlagern aus Stahlbeton, wobei die Gründung der Widerlager über 21 Bohrpfähle in Achse 10 und 18 Bohrpfähle in Achse 20 gebildet wird.

Besonderheiten

Die durch unser Büro durchgeführte Stahlbauüberwachung umfasste die Güteüberwachung in der Werkstatt sowie auf der Baustelle. Neben der Überprüfung des Materials, der Geometrie und der Schweißarbeiten wurde der Korrosionsschutz überwacht.

Herausragend war das Einschwimmen des Stahlüberbaus am 6. Juli 2011. Dazu wurde der vormontierte Stahlüberbau von der nördlichen Seite in Richtung des Kanals eingefahren, dann über Pontons übernommen und längs verschoben und im weiteren Verlauf durch einen auf dem südlichen Widerlager positionierten Kran übernommen und in die Endlage geschoben.

Eiswerderbrücke, Berlin-Spandau

BAUWERKSDATEN

Baujahr
1901–1903

Nachrechnung
2011

Konstruktionstyp
3-feldriger Stahlfachwerkbogen

Abmessungen
Länge: 207,24 m
Breite: 7,00 m

Baustoffe
Überbau: St37

LEISTUNG

Nachrechnung

BETEILIGTE

Bauherr
Senatsverwaltung für
Stadtentwicklung, Berlin

▼

1 Alte Stelzenlager, die die Brücke tragen
2 Filigrane genietete Stahlfachwerkkonstruktionen

INSTANDSETZEN VOR ABREISSEN

Eiswerderbrücke, Berlin-Spandau

Die Eiswerderbrücke in Berlin-Spandau verbindet die Insel Eiswerder mit dem Spandauer Festland. Die dreifeldrige Stahlfachwerkbogenbrücke aus dem Jahr 1905 besteht aus zwei Hauptträgern im Abstand von 7 m. Die Hauptträger selbst sind drei genietete Fachwerkbögen mit in Fahrbahnebene angeordneten Zugbändern. Die Fachwerkbögen sind in Obergurtebene durch genietete Fachwerkquerriegel horizontal gehalten. Die Fahrbahnplatte wird durch Zugstäbe an die Hauptträger angehängt.

Besonderheiten

In den letzten Kriegstagen im April 1945 wurde die Brücke gesprengt, wobei der westliche Brückenbogen in die Havel stürzte. Erst 1956 wurde die Brücke vollständig wiederaufgebaut und 1958 für den Verkehr freigegeben. Danach erfolgten mehrfach Reparaturarbeiten und 1986–1988 umfangreiche Grundinstandsetzungen. Inzwischen sind weitere Schäden an den Lagern aufgetreten, die eine Nachrechnung und eine Konzepterstellung zum Lagerwechsel erforderlich machten.

Grundinstandsetzung der Charlottenburger Brücke, Berlin

1 Charlottenburger Tor mit Sophie Charlotte und Friedrich I.
2 Brüstung aus Ettringer Tuffstein
3 Ensemble aus Charlottenburger Tor und Brücke

BAUWERKSDATEN

Baujahr
1938–1939
Instandsetzung
2006–2008
Konstruktionstyp
Zweigelenkrahmen
Abmessungen
Stützweite: 27,70 m
Breite: 75,00 m
Baustoffe
Überbau: S235
Brüstung: Ettringer Tuffstein
Verkleidung der Widerlager und Flügelwände: Sandstein

LEISTUNG

Sanierungsplanung, Statisch-konstruktive Prüfung

BETEILIGTE

Bauherr
Senatsverwaltung für Stadtentwicklung, Berlin
Bauausführung
TrappInfra Berlin GmbH
Objekt- und Tragwerksplanung (Lph 2,3,6)
Klähne & Bauchspieß GmbH

HISTORISCH ERNEUERT

Grundinstandsetzung der Charlottenburger Brücke, Berlin

Die Charlottenburger Brücke über den Landwehrkanal am Rande des Berliner Tiergartens ist in den Jahren 1938/1939 als Zweigelenkrahmen aus Stahl mit einer Fassade aus Tuff- und Sandsteinelementen direkt neben dem neobarocken Charlottenburger Tor errichtet worden. Dabei wurde die Brückengradiente gegenüber der Vorgängerbrücke abgesenkt, um einen freien Blick bis zum Brandenburger Tor zu erhalten. Dies konnte nur durch die Anordnung einer eng liegenden Schar von Zweigelenkbindern erfolgen.

Die Instandsetzung der Kanalquerung beinhaltete sowohl den Rückbau der bestehenden Gehbahnkonstruktion als auch die komplette Erneuerung des Gehbahnbereiches. Die Sanierung sah darüber hinaus die Erneuerung der Deck- und Schutzschichten sowie die Abdichtung im Fahrbahnbereich vor. Bei den Übergangskonstruktionen wurden die Fugenbänder ausgetauscht und die Stahlkonstruktion wurde mit einem neuen Korrosionsschutz versehen. Auch die Verkleidungen der Widerlager und Flügelwände aus Sandstein wurden instandgesetzt. Dabei wurden die Brüstungen komplett abgebrochen und mit Ettringer Tuffstein aufwändig wiederhergestellt.

Besonderheiten

Während der Bauzeit war die Aufrechterhaltung von Verkehr und Schifffahrtsbetrieb zu gewährleisten, was die umfassende Koordinierung mit zeitgleich stattfindenden Baumaßnahmen des Bezirkes sowie eine enge Abstimmung des Bauablaufs mit verschiedenen offiziellen Stellen und Leistungsträgern erforderlich machte. Zu berücksichtigen waren auch anstehende Großveranstaltungen wie der Berlin-Marathon.

Charlottenbrücke in Berlin-Spandau

BAUWERKSDATEN

Baujahr
1926–1929

Nachrechnung
2010

Konstruktionstyp
Stabbogenbrücke in genieteter Bauweise

Abmessungen
Stützweite: 60,00 m
Breite: 21,00 m

Baustoffe
Überbau: St37

LEISTUNG

Nachrechnung

BETEILIGTE

Bauherr
Senatsverwaltung für Stadtentwicklung, Berlin

1 Blick über die Havel auf das schön gestaltete Tragwerk der Charlottenbrücke

2 Blick auf die Unterseite der Brücke und die typischen Rollenlager aus der Zeit vor 1945

GENIETET UND GEBOGEN

Charlottenbrücke in Berlin-Spandau

Die nach der ehemaligen preußischen Königin Sophie Charlotte benannte Brücke über die Havel in Berlin-Spandau verbindet die Spandauer Altstadt mit Stresow und der Berliner Innenstadt. Sie wurde 1926–1929 als Ersatz einer mehrteiligen Brücke aus dem Jahr 1886 errichtet.

Die Charlottenbrücke mit ihren auffälligen Brückenköpfen steht als typischer Vertreter genieteter Stabbogenbrücken unter Denkmalschutz und sollte deshalb erhalten werden.

Die eigentliche Strombrücke ist eine genietete Stabbogenkonstruktion, deren Fahrbahn als stählerner Trägerrost mit Buckelblechen und Ortbetonergänzung ausgebildet ist. Im Unterschied zu modernen Stabbogenbrücken ist die Fahrbahn nicht Teil des Versteifungsträgers, sondern wird auf Hauptquerträgern gelagert, die über biegetragfähig ausgebildete Hänger am Bogen aufgehängt sind. Zwischen den Bogenfußpunkten befinden sich Zugbänder.

Besonderheiten

Im Zuge der Nachrechnung sollte auch untersucht werden, ob die bestehende Brücke für den geplanten Havelausbau als Binnenwasserstraße um 80 cm angehoben werden kann.

KRAFT

Ein zentraler Begriff des konstruktiven Ingenieurbaus ist der der Kraft. Die Kraft ist zum einen eine vektorielle Größe, die in die baustatischen Berechnungen Eingang findet, sie ist zum anderen aber auch der Ausdruck von Stärke und Massivität.

Das vorgestellte Kraftwerk Bitterfeld beinhaltet schon in seinem Namen das Wort Kraft, der hier gezeigte Gleitvorgang zeigt aber auch das Entstehen des Brennstoffbunkers, der als Schalentragwerk durch seine Masse besticht.

Aber auch Brücken sind konstruktive Ingenieurbauwerke, die erhebliche Kräfte abzutragen haben, die sich aus dem anwachsenden Straßenverkehr und dem Eisenbahnverkehr ergeben. Je nach statischem System können sich erhebliche Bauwerksdimensionen ergeben. Dies ist beispielsweise bei dem Durchlaufträger der Teltowkanalbrücke in Berlin der Fall, bei dem durch gestalterische Profilierung der Ansichten die Bauhöhe relativiert wurde. Bei stählernen Eisenbahnbrücken wird der Träger in der Regel durch den Langerschen Balken als Stabbogenbrücke oder durch das Fachwerk aufgelöst – ein Beispiel hierfür ist die zweigleisige Einfeldbrücke über den Aland bei Wittenberge.

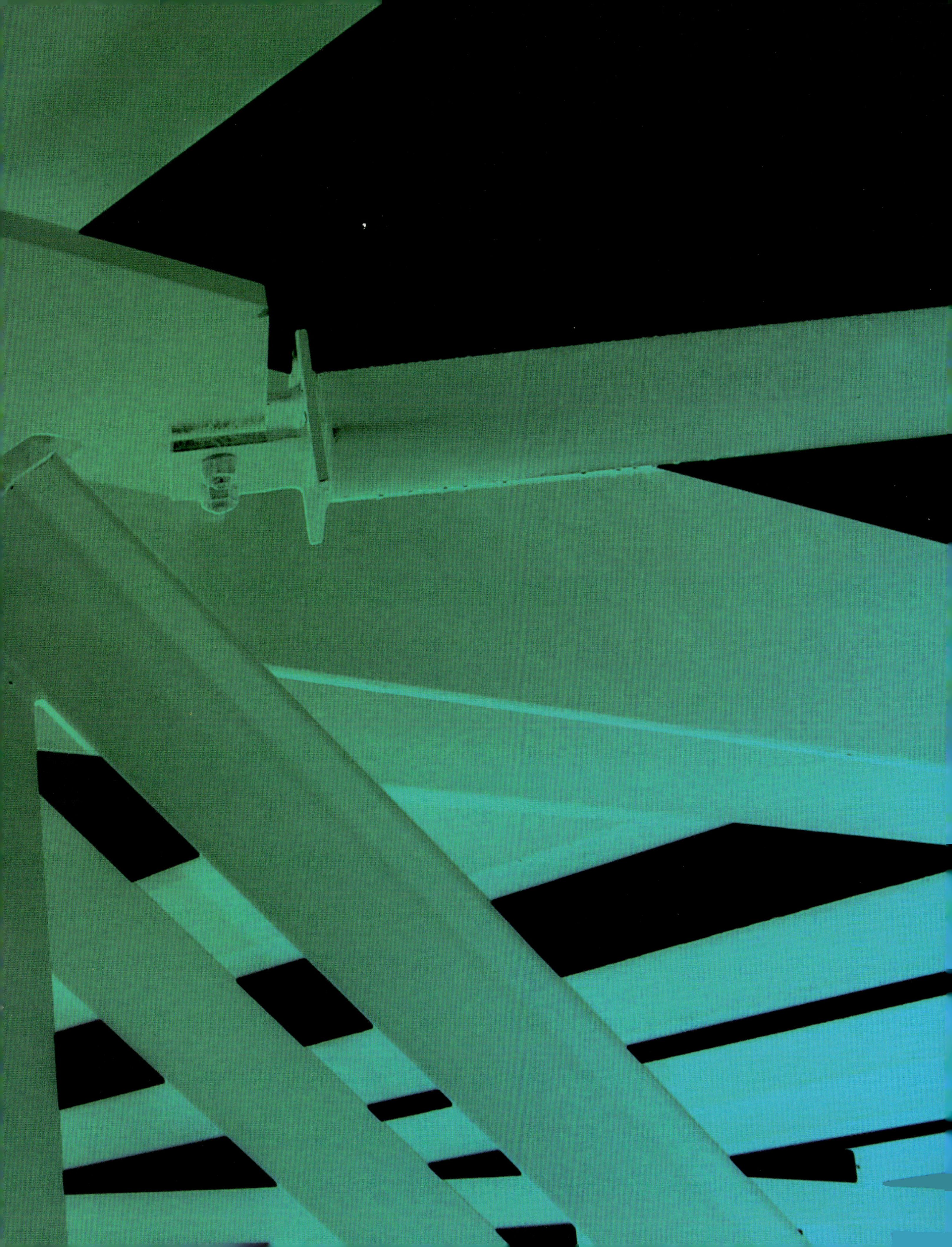

ENERGIE AUF HALDE
Thermische Restabfallbehandlungsanlage Bitterfeld

BAUWERKSDATEN

Baujahr
2008

Tragwerkstyp
Stahlbetonbau mit aufgesetzten Stahlkonstruktionen

Kennzeichnende Parameter
70.000 m³ umbauter Raum, verteilt auf 8 Gebäude, die komplett auf Rammpfählen gegründet sind

Baustoffe
Dach: Stahlkonstruktion
Decken, Wände, Stützen: Stahlbeton
Rammpfähle: Stahlbeton

LEISTUNG

Vorplanung, Entwurfs- und Ausführungsplanung

BETEILIGTE

Bauherr
PD energy GmbH

Objektplanung
Fiedler Beck Ingenieure

Bauausführung
P-D Industries GmbH

Kesselbau
Baumgarte Boiler Systems

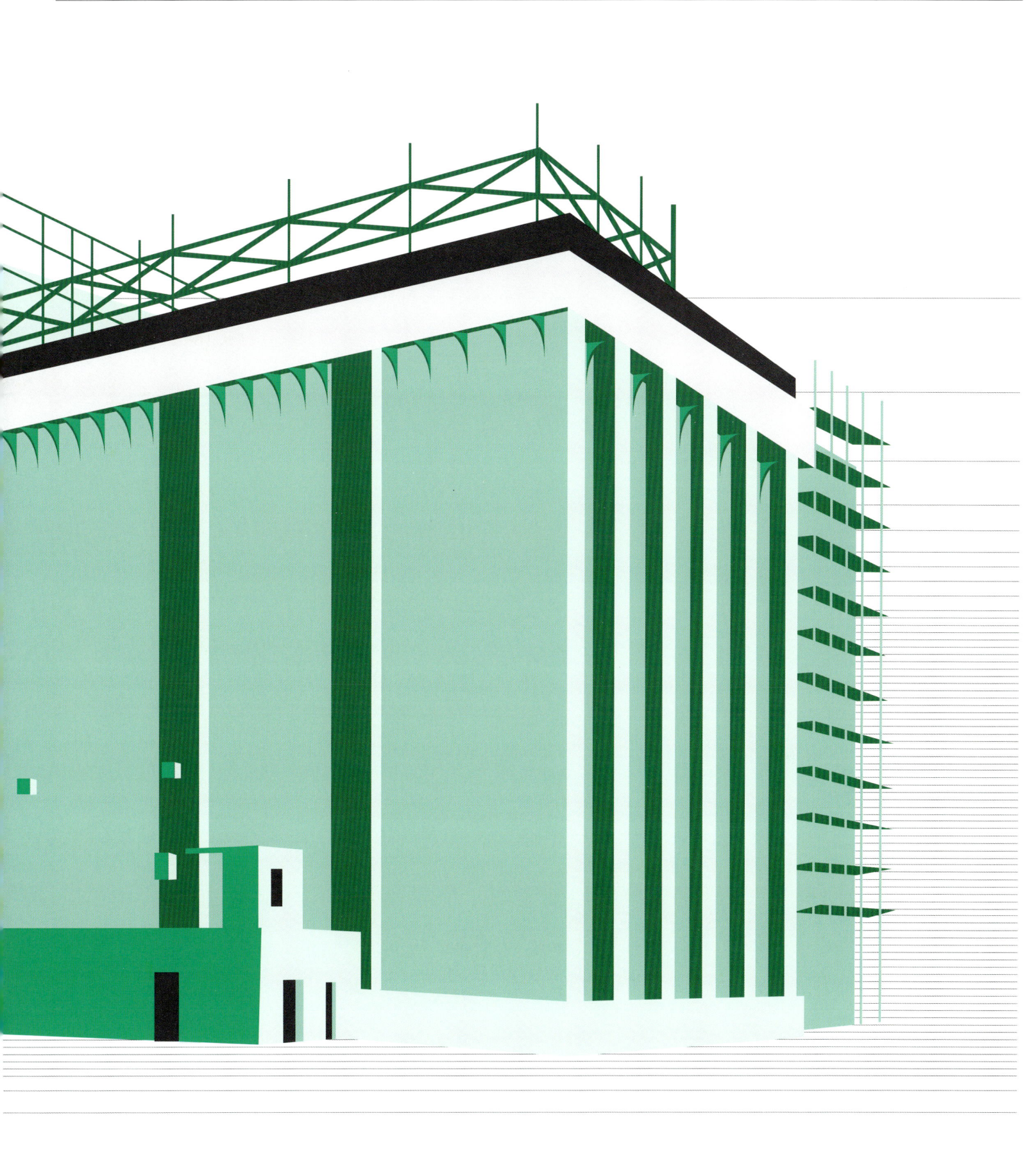

Ausführungs-planung

Thermische Restabfallbehandlungsanlage Bitterfeld

Um die im Chemiepark Bitterfeld ansässigen Unternehmen mit Strom und Wärme zu versorgen, wurde auf dem Gelände des Chemieparks Bitterfeld-Wolfen eine Thermische Reststoffbehandlungsanlage errichtet. Die Anlage wird mit Ersatzbrennstoff betrieben und erreicht eine Feuerungswärmeleistung von 56 MW.

Bauliches Kernstück der Anlage sind der Gebäudekomplex Brennstoff- und Schlackebunker mit Anlieferebene und das angrenzende Kesselhaus mit Treppenturm. Die räumliche Trennung vom Betriebsgebäude lässt sich äußerlich nicht wahrnehmen.

Die Tragwerksplanung wurde durch uns für diese Bauwerke und für Maschinenhaus, Technikgebäude sowie diverse Nebenanlagen und sämtliche Gründungselemente erstellt. Die Planung anlagenspezifischer Tragelemente wie die des Kesselstahlbaus erfolgte durch entsprechende Fachfirmen.

Das Gelände befindet sich im Bereich der Aufschüttung einer ehemaligen Abraumhalde, daher wurden alle Bauwerke auf Rammpfählen mit einer Länge von bis zu 19 m gegründet. Allein für den Teilkomplex Brennstoffbunker/Kesselhaus wurden etwa 500 Stahlbetonpfähle niedergebracht. Der Treppenturm wurde zusammen mit dem Brennstoffbunker in Gleitbauweise erstellt. Um auch die ausladende Konstruktion im oberen Teil zum Kesselhaus gleitend erstellen zu können, wurde die Schalung auf mitwachsenden temporären Betonstützen nach oben gezogen. Diese ungewöhnlich schlanken Stützen wurden durch eine ebenso leichte wie einfache Stahlkonstruktion, die während des Gleitprozesses von Hand eingebaut werden musste, sicher stabilisiert.

Für das Einhängen der schweren Decken konzipierten unsere Ingenieure spezielle Anschlussdetails. Dadurch konnte der Aufwand für das Montieren der kostenintensiven Muffenverbindungen deutlich verringert werden.

Besonderheiten

Es waren extrem kurze Planungszeiten einzuhalten: Von der Sichtung erster Objektpläne bis zum Beginn der ersten Rammphase vergingen weniger als sechs Wochen.

Die Errichtung der Wände von Brennstoffbunker und Treppenturm in Gleitbauweise bei einer Bauzeit von vier Wochen verlangte exakte und vorausschauende Ingenieursarbeit. Sämtliche Anschlüsse von Decken und Unterzügen waren innerhalb der Gleitschalung unterzubringen und mussten zu einem sehr frühen Planungszeitpunkt Berücksichtigung finden.

1 Der mit Trapezwandelementen verkleidete Komplex lässt den massiven Stahlbeton kaum erahnen

2 Im Dach des Brennstoffbunkers wurden die Stahlprofile liegend angeordnet, dadurch: Verzicht auf Knotenbleche und enorme Materialeinsparung

3 Wachstum des Brennstoffbunkers während 2 Wochen

Teltowkanalbrücke im Zuge der A 113, Berlin

BAUWERKSDATEN

Baujahr
2003–2004

Konstruktionstyp
Balkenbrücke als Stahlträgerrostkonstruktion mit Verbundfahrbahnplatte

Abmessungen
Stützweiten: 66,50 m + 82,80 m
Breite: 55,00 m

Baustoffe
Überbau: S355J2G3, B45
Unterbauten: B25, B35

LEISTUNG

Ausführungsplanung der Unterbauten, Fahrbahnplatte und Uferspundwand

BETEILIGTE

Bauherr
Senatsverwaltung für Stadtentwicklung, Berlin

Bauausführung
Schälerbau Berlin GmbH,
Aelterman, Gent

▼

1 Schussweise Montage der Hauptträger

2 Trägerrost als Hauptkonstruktion in der Draufsicht

3 Komplizierte Geometrie der Widerlager, hier mit Aufnahme des Geh- und Radweges

DER AUTOBAHN DEN NAMEN GEGEBEN

Teltowkanalbrücke im Zuge der A 113, Berlin

Ende der 90er Jahre begann der Bau des Teilstückes der Autobahn zwischen dem Dreieck Neukölln in Berlin und dem Kreuz Schönefeld im Land Brandenburg, auch als Teltowkanal-Autobahn bekannt. Die Brücke über den Teltowkanal ist ein schiefwinkliger Stahlverbundüberbau, der seine Lasten auf flach gegründete Widerlager und tief gegründete Pfeiler absetzt. Die Widerlager haben dabei Breiten bis ca. 55 m und sind geometrisch sehr kompliziert. Außerdem waren einfach verankerte Uferspundwände zu planen, wobei die Interaktion zwischen Uferspundwand und Pfeilergründung besondere Beachtung fand.

Besonderheiten

Die Besonderheit dieser Brücke liegt vorrangig in der Tragstruktur des Überbaus. Es wurde ein Trägerrost als Haupttragkonstruktion mit drei durchlaufenden Hauptträgern konzipiert, auf dem eine Sekundärkonstruktion mit Längsträgern und einer Verbundfahrbahnplatte ruht. Funktion dieser Sekundärkonstruktion ist es, bei Schäden der Fahrbahnplatte später ersetzt werden zu können.

Eine weitere Besonderheit besteht in der komplizierten Geometrie der Widerlager. Für ein Widerlager wurden mehr als 350 Bewehrungspositionen erforderlich.

Mörschbrücke, Berlin

BAUWERKSDATEN

Baujahr
2003–2005

Konstruktionstyp
Langerscher Balken mit 3 Bogenebenen

Abmessungen
Stützweite: 66,60 m
Breite: 40,70 m

Baustoffe
Überbau: S355J2G3, B35
Unterbauten: B25, B35

LEISTUNG

Ausführungsplanung Unterbauten

BETEILIGTE

Bauherr
Senatsverwaltung für Stadtentwicklung, Berlin

Bauausführung
HOCHTIEF Construction AG

Ausführungsplanung
Klähne & Bauchspieß GmbH (Unterbauten, Teilabbruch und Baubehelfe),
Meyer + Schubart GmbH (Überbau)

▼

1 Herstellen der Gründungskonstruktion der Widerlager, hier Fundex-Pfähle

2 Stahlkonstruktion des Überbaus mit den drei Bogenebenen

HÖHER ÜBER DEN KANAL

Mörschbrücke, Berlin

Die Mörschbrücke verdankt ihren Namen dem Bauingenieur, Forscher und Hochschullehrer Emil Mörsch, der mit seinem Werk „Der Eisenbetonbau, seine Anwendung und Theorie" von 1902 dem Betonbau wesentliche Impulse verlieh.

Sie befindet sich im Bezirk Charlottenburg-Wilmersdorf im Zuge des Tegeler Weges und überspannt den Westhafenkanal. Das neue Bauwerk, das die alte Spannbetonbrücke ersetzt, ist als Langerscher Balken konstruiert, wobei zwei äußere und ein mittlerer Bogen mit den zugehörigen Versteifungsträgern und Hängern den Kanal überspannen. Der Querschnitt ist als Verbundquerschnitt, bestehend aus Stahlträgerrost und Betonfahrbahnplatte, konstruiert. Die Widerlager sind Kastenwiderlager, die mit Fundex-Pfählen tief gegründet wurden.

Besonderheiten

Der Teilabbruch der alten Mörschbrücke erfolgte mittels Durchtrennen der Spannglieder in Querrichtung und der Verkehrsführung auf einer auf die noch bestehenden Spannbetonträger aufgesetzten Stahlträgerkonstruktion. Der erste Bauabschnitt wurde durch Teilherstellung der Widerlager sowie der halben Bogenbrücke mit zwei Bogenebenen und Einschub der Stahlkonstruktion hergestellt. Nach Verkehrsumlegung auf den neuen (halben) Brückenüberbau erfolgten der Abbruch der restlichen alten Konstruktion und die Herstellung des zweiten Bauabschnitts durch Herstellung der Widerlager und Einschub des zweiten Teils der Stahlkonstruktion, der mit dem ersten Teil verschweißt wurde.

Autobahn- und Straßenbrücke über die Dahme bei Königs Wusterhausen

BAUWERKSDATEN

Baujahr
2000–2005

Konstruktionstyp
2-feldriger gevouteter Durchlaufträger

Abmessungen
Länge: 121,85 m
Breite: 2 × 18,00 m + 11,65 m

Baustoffe
Überbauten: S355J2G3, B35, St1570/1770
Unterbauten: B25/35

LEISTUNG

Bautechnische Prüfung, Fremdüberwachung Stahlbau

BETEILIGTE

Bauherr
Landesbetrieb Straßenwesen Brandenburg

Bauausführung Autobahnbrücke A 10
Schälerbau Berlin GmbH, Aelterman, Gent

Bauausführung Straßenbrücke L 30/40
OEVERMANN Verkehrswegebau GmbH, SAM Stahlturm- und Apparatebau Magdeburg GmbH

Prüfung
Dr.-Ing. Thomas Klähne

1 Litzenheber auf dem bereits montierten Stahlteil zum Anheben des restlichen Stahlteils vom Ponton

2 Aufgesetztes Stahlsegment der Straßenbrücke neben den bereits in Verkehr befindlichen Autobahnbrücken

3 Einschwimmen des Mittelteils der Straßenbrücke

4 Schalwagen auf dem vormontierten Stahlteil am östlichen Widerlager

ALS DRILLING ÜBER DIE DAHME

Autobahn- und Straßenbrücke über die Dahme bei Königs Wusterhausen

In den Jahren 2000–2002 wurden im Zuge der Erneuerung des südlichen Berliner Rings (A 10) die beiden getrennten Brückenüberbauten über die Dahme errichtet. Von 2004 bis 2005 kam die dritte nahezu baugleiche Brücke im Zuge der Landesstraße L 30/40 hinzu.

Alle drei Brücken sind in Form gevouteter Zweifeldträger ausgebildet, wobei der Querschnitt einen torsionssteifen Stahlkasten mit Ortbetonverbundplatte darstellt. Die Besonderheit bei der Autobahnbrücke besteht darin, dass die Verbundfahrbahnplatte zusätzlich quer vorgespannt wurde.

Besonderheiten

Allen drei Bauwerken lag das gleiche Montageprinzip zu Grunde. Nach Herstellung der Unterbauten wurde das erste Feld auf der östlichen Seite vormontiert und auf dem Widerlager und der Stütze abgesetzt.

Danach erfolgte das Einschwimmen des zweiten Teiles und das Einheben vom Ponton mittels Litzenheber. Nach Verschlosserung mit dem Stahlteil und Absetzen auf dem anderen Widerlager erfolgte das Verschweißen und danach das Betonieren der Fahrbahnplatte mit Schalwagen.

ÜBER SPINDLERS FELD

Wendenheidebrücke über die Oberspreestraße, Berlin

Spindlersfeld, im Südosten Berlins unterhalb des Zusammenflusses von Spree und Dahme gelegen, ist nach dem Wäschereifabrikanten Wilhelm Spindler benannt, der Ende des 19. Jahrhunderts dieses Gebiet mit seiner Großwäscherei stadtbekannt machte und zu einem vollwertigen Stadtteil entwickelte.

Der Straßenausbau zwischen Oberspreestraße und Glienicker Straße in Berlin-Köpenick in unmittelbarer Nähe des S-Bahnhofes Berlin-Spindlersfeld machte 2005–2007 den Neubau einer Brücke über die Oberspreestraße notwendig. Die neue Wendenheidebrücke wurde als einfeldrige schiefwinklige Stahlstabbogenbrücke mit orthotroper Fahrbahn ausgeführt.

In Verlängerung der Flügel der Brückenwiderlager wurden Stützwände errichtet. Sie sind in weiten Teilen als freistehende eingespannte Spundwände aus verpressten Doppelbohlen ohne rückwärtige Verankerung ausgebildet. Auf der Brücke und den anschließenden Stützwänden wurden Lärmschutzwände errichtet.

Besonderheiten

Nach Vormontage des Stabbogens wurde die Konstruktion mit Schwerlastfahrzeugen eingefahren und in die Endposition gebracht. Bemerkenswert hierbei ist, dass die eingesetzten in den Niederlanden konstruierten Schwerlastfahrzeuge durch Ansteuerung eines jeden einzelnen Rades in der Lage sind, selbst kleinste Unebenheiten des Bodens bei gleichbleibender horizontaler Lage der Konstruktion zu überbrücken.

1 Die fertiggestellte Brücke ist mit langen Anrampungen versehen
2 Einfahren des vorgefertigten Überbaus

BAUWERKSDATEN

Baujahr
2005–2007
Konstruktionstyp
Stabbogen in Stahlbauweise
Abmessungen
Länge: 76,85 m
Breite: 19,20 m
Baustoffe
Überbau: S355J2G3
Unterbauten: C30/37

LEISTUNG

Ausführungsplanung

BETEILIGTE

Bauherr
Senatsverwaltung für Stadtentwicklung, Berlin
Bauausführung
Sächsische Bau GmbH,
DSD Brückenbau GmbH

Eisenbahnbrücke über den Aland bei Wittenberge

BAUWERKSDATEN

Baujahr
2008

Konstruktionstyp
Einfeldträger in Fachwerkbauweise

Abmessungen
Stützweite: 42,00 m
Breite: 10,50 m

Baustoffe
Überbau: S355J2G3, S355K2
Unterbauten: C30/37, C35/45

LEISTUNG

Bautechnische Prüfung

BETEILIGTE

Bauherr
DB Netz AG

Bauausführung
Matthäi Bauunternehmen, MCE Stahl- und Maschinenbau Linz

Genehmigungsbehörde
Eisenbahn-Bundesamt, Ast Halle

1 Vormontage des Stahlüberbaus in Seitenlage
2 Fachwerkscheibe mit starker Enddiagonale zur Stabilisierung des Obergurtes

GERADE DURCH WEITES LAND

Eisenbahnbrücke über den Aland bei Wittenberge

Südlich der Elbe schlängelt sich im nördlichsten Zipfel von Sachsen-Anhalt das kleine Flüsschen Aland durch flache Landschaft. Hier wurde im Jahr 2008 der Ersatzneubau einer Eisenbahnbrücke erforderlich.

Der Überbau ist eine gerade Stahlfachwerkbrücke mit einer Stützweite von 42,00 m und einer Systemhöhe des Fachwerks von 4,20 m. Die beiden Fachwerkscheiben sind in einer Systembreite von 9,90 m angeordnet; zwischen ihnen spannt sich eine stählerne Fahrbahnplatte, die aus einem 25 mm – 35 mm dickem Fahrbahnblech und im Abstand von 70 cm angeordneten Querträgern besteht.

Die Eisenbahnbrücke ist zweigleisig befahrbar.

Besonderheiten

Die Stahlkonstruktion wurde in Seitenlage montiert, wobei die Gründungen der Vorgängerbrücke verwendet wurden. Nach Vormontage erfolgte ein Querverschub in die Endlage auf die bereits hergestellten Widerlager. Die Herstellung der Gründungen der Widerlager erforderte umfangreiche Baugrundverbesserungen, hierfür wurden neue Verfahren angewendet, für die besondere Genehmigungen erforderlich wurden.

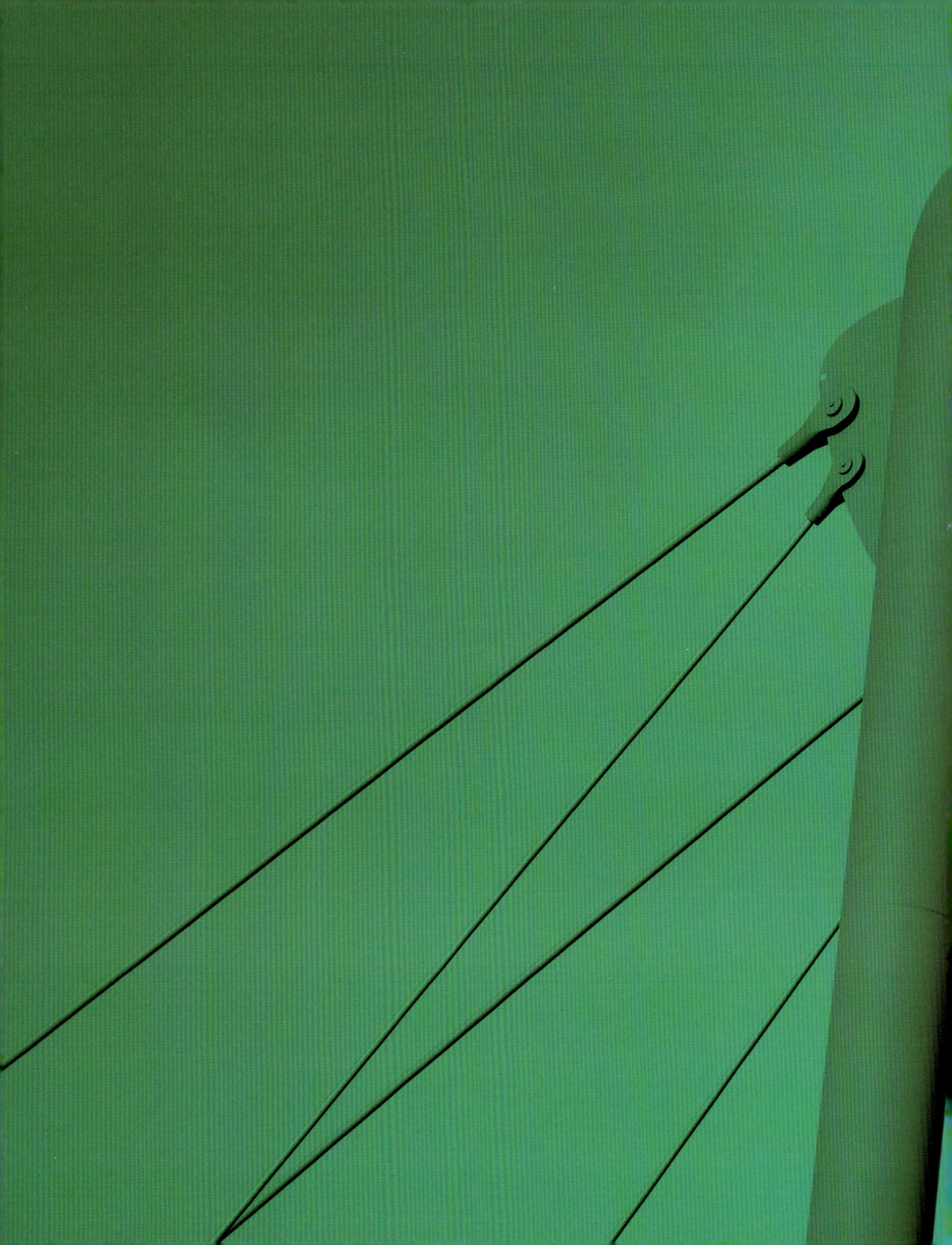

SYMBOLIK

Brückenbauwerke haben seit jeher symbolischen Charakter, immer wieder wird beschworen, dass Brücken verbinden. Spektakuläre Bauwerke wie die Golden Gate Bridge in San Francisco, die Brooklyn Bridge in New York oder die Harbour Bridge in Sydney haben sich in das Bewusstsein gebrannt.

Die hier vorgestellten Tragwerke haben sicher nicht diese Bedeutung, dennoch steht ein jedes für sich symbolhaft: die Waldschlösschenbrücke für eine anderthalb Jahrhunderte andauernde Diskussion um einen neuen Elbübergang bei Dresden, die Nordbrücke Oberhavel in Berlin für den Neubau eines beiderseits der Havel gelegenen Stadtquartiers in der Wasserstadt Berlin-Spandau, die Fußgängerbrücke bei Frankfurt (Oder) für den Aufbau Ost mit dem Neubau einer Solarfabrik, die Brücke über den Aalemannkanal für eine lang gehegte Hoffnung der Kleingärtner auf einen Übergang über den trennenden Kanal, die Stadtkanalbrücke in Brandenburg für die Stadtentwicklung mit dem Anschluss eines alten Klosters an die Innenstadt. So erfüllt jeder Übergang eine Funktion und ist ein Symbol neuer Hoffnung, die mit Leben erfüllt werden sollte.

Waldschlösschenbrücke, Dresden

BAUWERKSDATEN

Baujahr
2007–2012

Konstruktionstyp
Echte Bogenbrücke mit
angehängtem Durchlaufträger
auf V-Stützen

Abmessungen
Länge: 636,00 m
Breite: 28,60 m

Baustoffe
Überbau: S355J2G3, C35/45
Unterbauten: C30/37–C45/55

LEISTUNG

Ausführungsplanung Überbau

BETEILIGTE

Bauherr
Landeshauptstadt Dresden

Entwurf
Kolb Ripke Architekten, Berlin

Bauausführung
Arge Waldschlösschenbrücke:
Sächsische Bau GmbH,
Stahl- und Brückenbau Niesky
GmbH, EUROVIA Beton GmbH,
EUROVIA VBU, Plambeck
ContraCon

Ausführungsplanung Überbau
Klähne & Bauchspieß GmbH
(Überbau),
VIC GmbH, Potsdam
(Unterbauten)

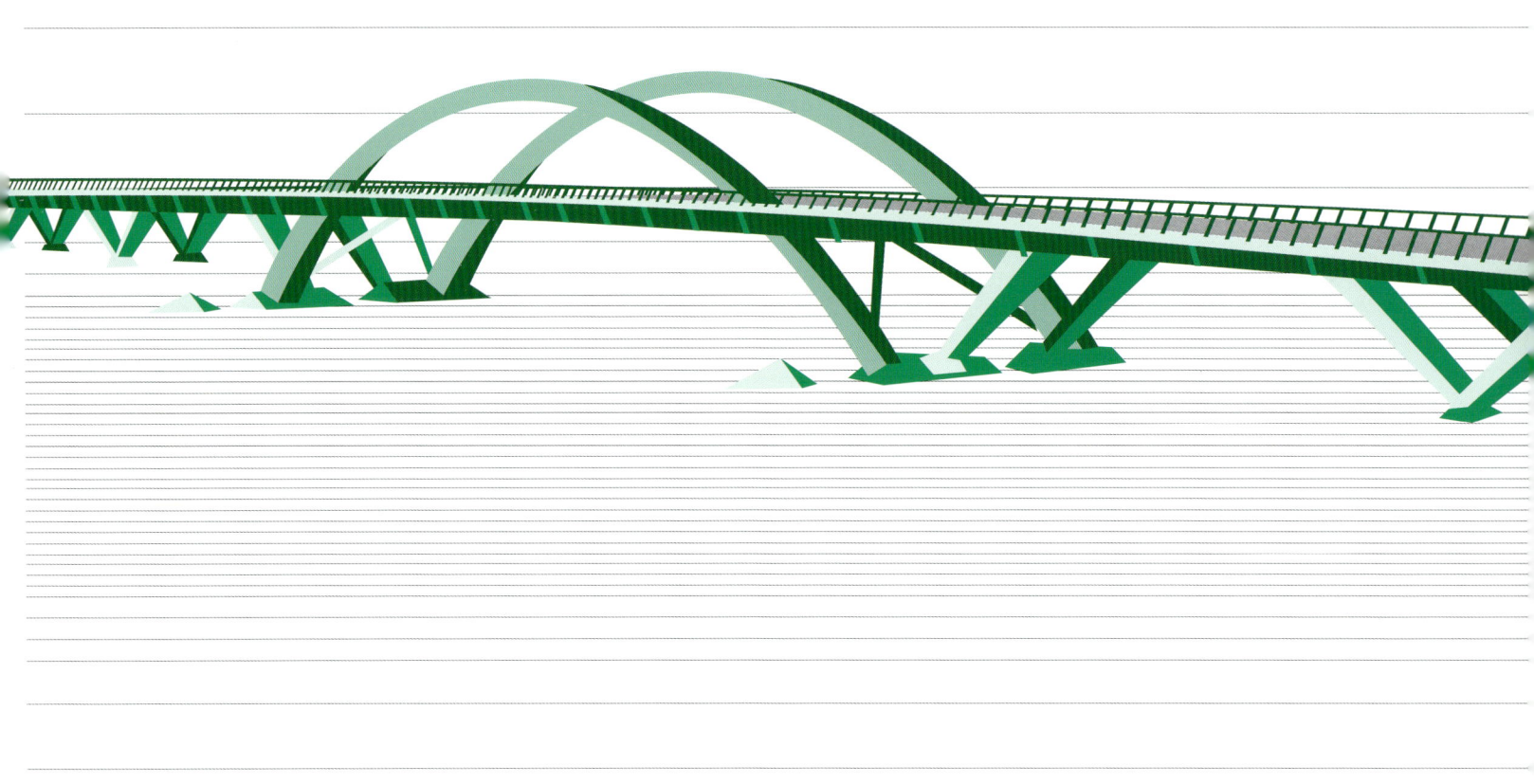

DRESDEN VERSUS UNESCO
Waldschlösschenbrücke, Dresden

Unsere Vorväter erkannten schon vor 150 Jahren, dass das Wachsen der Stadt Dresden eine zusätzliche Elbquerung notwendig machen würde. Die Planungen sowohl der Altstädter als auch der Neustädter Seite liefen auf diese Brückenquerung zu.

Auch zu DDR-Zeiten gab es umfangreiche Planungen für den Bau der Waldschlösschenbrücke. Aber erst mit der Wende war es möglich, auch die finanziellen Voraussetzungen für den Bau eines solchen Projektes zu schaffen. Die Legitimation der Brücke spiegelte sich außerdem in einem Bürgerentscheid zu Gunsten der Brücke und in einem international ausgelobten Wettbewerb wider, aus dem der letztlich gebaute Entwurf als Sieger hervorging. Trotz dieser Umstände waren Planung und Bau der Waldschlösschenbrücke von heftigen Diskussionen für und wider die Brücke begleitet. Gipfeln sollte dies schließlich in der Aberkennung des Status Welterbe für die Kulturlandschaft des Elbtals durch die UNESCO im Jahre 2009.

Die Brücke wird nach ihrer Fertigstellung für eine spürbare Entlastung des Verkehrs sorgen und nicht nur die Innenstadt, sondern auch ein anderes ingenieurtechnisches Erbe – das Blaue Wunder – merklich entlasten.

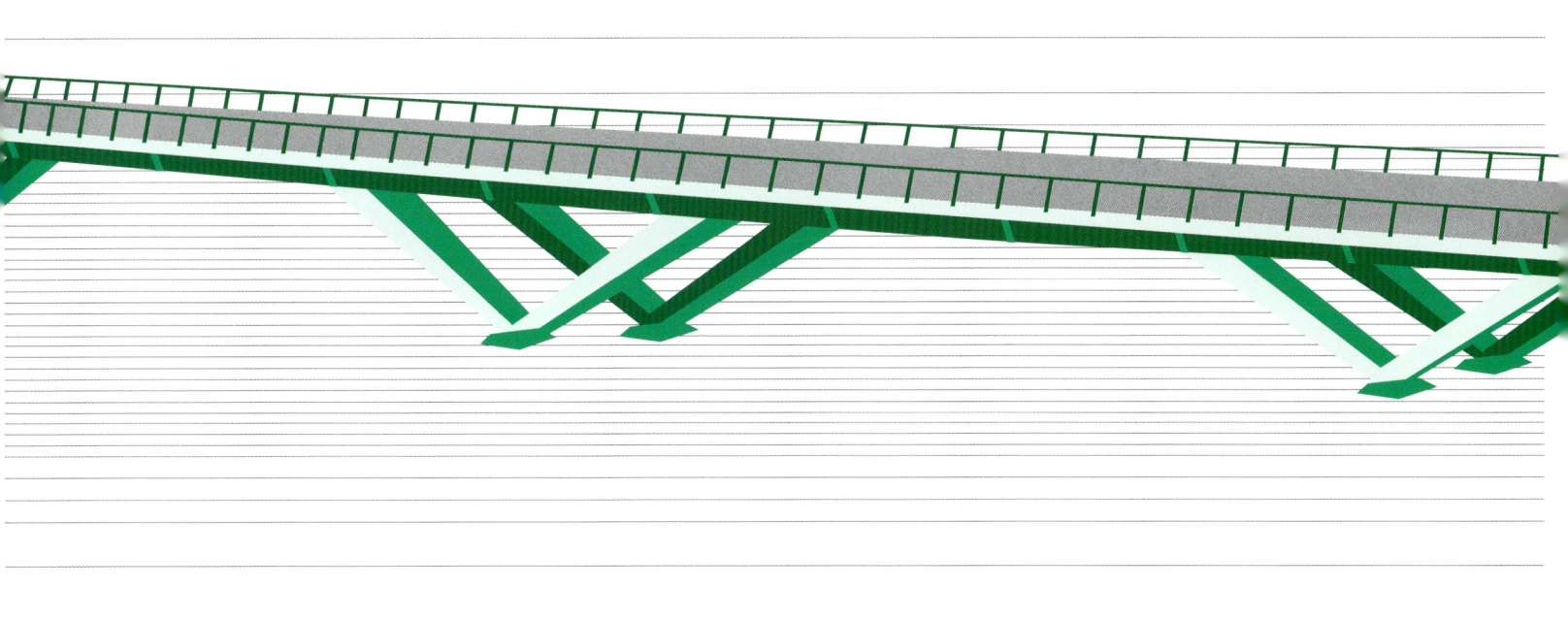

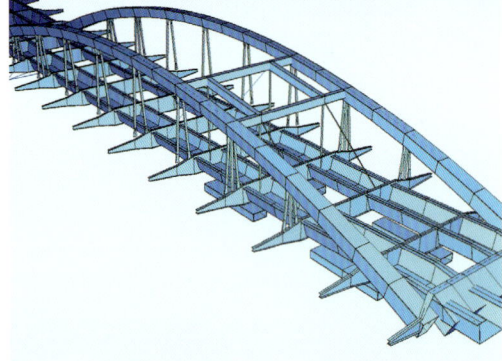

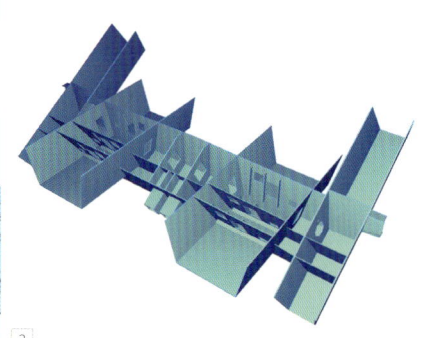

1 Am 19. Dezember 2010 wird bei strengstem Frost das Bogentragwerk der Brücke eingeschoben und über Pontons in seine Endlage geschwommen

2 FEM-Strukturen zur Berechnung des Überbaus.
Links: Gesamttragwerk
Rechts: Bogenquerträger, der die Hauptträgerkästen durchdringt

3 Bauwerk im Sommer 2011

| Ausführungsplanung | 97

Die Brücke ist eine zehnfeldrige Stahlverbundbrücke mit einer Gesamtlänge von 636 m. Die Stützweite des Bogens im Flussfeld beträgt ca. 148 m. Die Stützweiten in den Vorlandbereichen betragen zwischen 30,40 m und 80,20 m; der Überbau ruht hier auf V-förmigen Stahlstützen. Der Überbau besteht aus zwei parallelen, begehbaren Stahlkästen, stählernen Rand- und Querträgern, den stählernen Bögen und V-Stützen sowie einer im Verbund wirkenden Betonfahrbahnplatte. Die Bauhöhen der Hauptträger, Bögen und Querträger sind veränderlich. Die Fahrbahnplatte weitet sich im Bogenbereich und am nördlichen Widerlager auf. Die Bögen und das nördliche Widerlager sind auf Unterwasserbetonsohlen flach gegründet, das südliche Widerlager und die V-Stützen sind auf Großbohrpfählen gegründet.

Besonderheiten

Im Zuge der Ausführungsplanung erfolgte eine Umplanung des Ausschreibungsentwurfes: Die Bögen und die Bogensockel wurden verschlankt und die Konstruktion wurde damit filigraner.

Die Montage und das Einschwimmen des Bogens wurden von vielen Dresdnern mit größtem Interesse begleitet. Der komplizierte Montageprozess des Bogens bestand aus den Montagephasen Anheben des Bogens, Aufsetzen auf die Verschubbahn, Längsverschub, Einschwimmen mit Pontons längs und quer zum Flusslauf.

Nordbrücke Oberhavel, Berlin

BAUWERKSDATEN

Baujahr
1998–2000

Konstruktionstyp
Durchlaufträger mit Zwillingshohlkästen

Abmessungen
Länge: ca. 306 m
Breite: 33,60 m

Baustoffe
Überbau und Stahleinbauteile für die Verbundstützen: S355J2G3
Unterbauten und Rampenbauwerk: B25-B45

LEISTUNG

Bautechnische Prüfung

BETEILIGTE

Bauherr
Senatsverwaltung für Bauen, Wohnen und Verkehr, Berlin

Bauausführung
PORR Technobau Berlin, Krupp Stahlbau Berlin

Entwurf
Ingenieurbüro Fink und Architekten Dörr Ludolf Wimmer

Ausführungsplanung
Ingenieurbüro Krone, Berlin, Ingenieurbüro Pauser, Wien

Prüfung der Ausführungsunterlagen
Dr.-Ing. Thomas Klähne

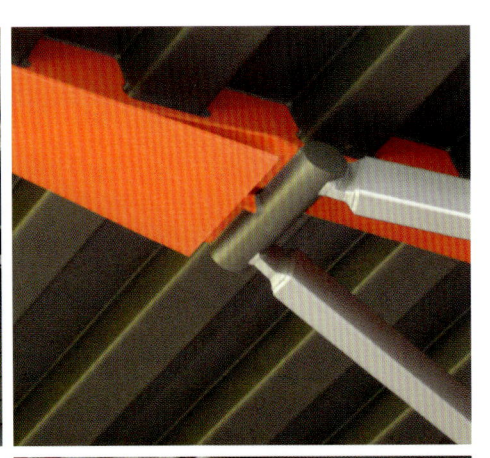

1 Markante Pyramiden tragen das Bauwerk

2 Die Kragarme werden durch filigrane Stäbe getragen, die die Bauhöhe kaschieren

BRÜCKENSCHLAG IN DER WASSERSTADT

Nordbrücke Oberhavel, Berlin

Die Straßenbrücke befindet sich im nordwestlichen Teil Berlins im Stadtbezirk Spandau und sollte die beiden Stadtteile der Wasserstadt Oberhavel miteinander verbinden. Sollte, weil nach Errichtung der Brücke der Bau der östlichen Stadtteilhälfte auf Eis gelegt wurde.

Der Brückenzug besteht aus der eigentlichen Flussbrücke und einem Rampenbauwerk im westlichen Anschluss. Die Brücke ist ein Durchlaufträger über fünf Felder mit einer maximalen Stützweite von 70,40 m bei einer Gesamtlänge von 248,00 m, der Querschnitt ist als Zwillingshohlkasten in Stahlbauweise mit einer orthotropen Fahrbahnplatte bei veränderlicher Bauhöhe ausgebildet. Die Brücke ist im Fluss auf pyramidalen Pfeilern aufgelagert, die im schlechten Baugrund unterhalb der Flusssohle entweder auf Tiefgründungen oder Flachgründungen mit verbessertem Baugrund gegründet sind.

Das Rampenbauwerk ist als Stahlbetontragwerk in Rahmenbauweise mit einer Gesamtlänge von 58,00 m ausgebildet.

Besonderheiten

Die Konstruktion der Brücke ist das Ergebnis eines Wettbewerbes, der von der Senatsverwaltung Berlin ausgelobt wurde. Trotz ihrer großen Breite von 33,60 m wirkt sie durch die feingliedrige Kragarmgestaltung sehr filigran.

Das Stahltragwerk wurde schussweise vormontiert und dann über einen komplizierten Längseinschub bzw. über das Einschwimmen der Mittelteile in seine Endlage gebracht.

DER WEG ZUR SOLARFABRIK

Fußgängerbrücke, Frankfurt (Oder)

Die Chipfabrik in Frankfurt (Oder) war Mitte der 90er Jahre eines der großen Investitionsprojekte des Landes Brandenburg. Um diesem Projekt den Weg zu ebnen, wurde als Erstes in den Jahren 2002–2003 eine Fußgängerbrücke über die A 12 zum Erreichen des Baugeländes der Chipfabrik geschlagen. Diese Fabrik wurde später jedoch nicht errichtet, heute befindet sich dort eine Solarfabrik sowie ein wissenschaftliches Kompetenzzentrum.

Der mit dem Brandenburgischen Ingenieurpreis 2004 ausgezeichnete Entwurf zeigt einen ovalen Betonquerschnitt, der über zwei Seilpaare aufgehängt und zum Widerlager zurückgehängt ist. Die Verankerungspunkte der Seile am Überbau sind als Stahlverbundkonstruktion mit unten liegendem Stahlzugband ausgebildet. Außerdem sind an diesen Stahlzugleisten die gestalteten Stahl-Glas-Geländer befestigt. Der A-Pylon ist als Rohrquerschnitt in Stahl ausgebildet.

Besonderheiten

Die Besonderheiten sind vor allem im Bauablauf der Konstruktion zu suchen. Nach Herstellung der flach gegründeten Widerlager und des Pylonfundamentes wurde der Pylon mittels Schablone auf die Fundamente aufgesetzt und zurückgespannt. Die Betonage des Überbaus erfolgte auf Traggerüst, wobei das Widerlager biegesteif an den Querschnitt angeschlossen wurde.

Nach Einbau der Seile erfolgte das Vorspannen mit den berechneten Vorspannkräften nach Form.

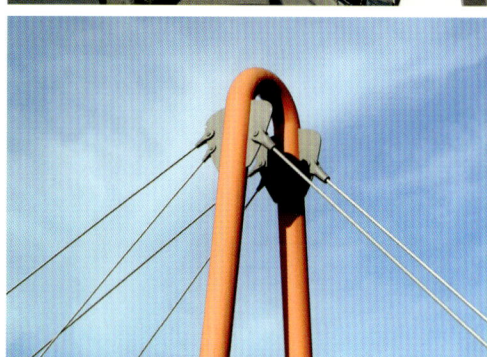

BAUWERKSDATEN

Baujahr
2002–2003
Konstruktionstyp
Schrägseilbrücke mit Stahlpylon
Abmessungen
Länge: 75,00 m
Breite: 4,00 m
Pylonhöhe: 26,00 m
Baustoffe
Überbau: B35
Unterbauten: B25, B35
Pylon: S355J2G3

LEISTUNG

Bautechnische Prüfung

BETEILIGTE

Bauherr
Landesbetrieb Straßenwesen Brandenburg
Bauausführung
WALTER BAU AG
Entwurf- und Ausführungsplanung
Schüssler Plan GmbH

1 Gestaltetes Stahl-Glas-Geländer und Verankerungspunkte der Seile im Querschnitt
2 Unteransicht der Brücke mit elliptischem Betonquerschnitt
3 Gebogenes Rohr und Seilanschlüsse am Pylonkopf

Geh- und Radwegbrücke über den Aalemannkanal in Berlin

1 Zugglieder und Teile des Überbaus in angeliefertem Zustand

2 Der Aalemannsteg in natürlicher Umgebung

BAUWERKSDATEN

Baujahr
2009–2010

Konstruktionstyp
Schrägkabelbrücke in Stahlbauweise

Abmessungen
Länge: 67,59 m
Breite: 3,00 m

Baustoffe
Überbau: S355/S235
Unterbauten: C30/37

LEISTUNG

Bautechnische Prüfung

BETEILIGTE

Bauherr
Senatsverwaltung für Stadtentwicklung, Berlin

Bauausführung
TrappInfra Berlin GmbH,
Fa. Heckmann GmbH

Prüfung
Dr.-Ing. Thomas Klähne,
Klähne Ingenieure GmbH

MIT DEM RAD NACH NORDEN

Geh- und Radwegbrücke über den Aalemannkanal in Berlin

Der Radfernweg Berlin–Kopenhagen führt im Nordwesten Berlins in Spandau über den Aalemannkanal. Hierzu wurde ein Brückenneubau erforderlich.

Aufgrund des flachen Geländes und des einzuhaltenden Lichtraumes (14,00 m breit, 4,50 m hoch) ergaben sich erhebliche Höhendifferenzen, die mit Hilfe von Rampen und einem Überbauquerschnitt als Trog mit sehr geringer Bauhöhe minimiert wurden. Der Stahltrog über dem Kanal mit einer Länge von 67,59 m und einer Breite von 3,00 m wird durch vier Vollstäbe an einem 24,00 m hohen Pylon getragen. Die aufgeständerte Rampe am nördlichen Ufer mit einer Länge von 46,64 m wurde ebenfalls als Stahltrog ausgebildet. Das letzte Teilstück der nördlichen Rampe mit 11,55 m Länge wurde als Stahlbetonkonstruktion ausgeführt.

Besonderheiten

Als Schrägkabel wurden vorgefertigte und vorkonfektionierte Zugglieder verwendet, die in der Mitte zusätzlich durch Muffen gestoßen sind. Dies stellt eine wirtschaftliche Alternative zu Tragseilen, wie sie üblicherweise im Schrägkabelbrückenbau verwendet werden, dar.

DAS KLOSTER ERLANGEN

Stadtkanalbrücke, Brandenburg an der Havel

Um eine attraktive Wegeverbindung zwischen dem Hauptbahnhof und der Innenstadt mit direkter Anbindung an das Sankt-Pauli-Kloster zu schaffen, wurde ein Wettbewerb ausgelobt. Das Rahmenbauwerk wurde prämiert und diente als Grundlage für alle weiteren Planungen.

Die Fuß- und Radwegbrücke ist ein integraler Schrägstielrahmen, bei dem sich über die gesamte Überbaulänge beidseitig am Rand je ein luftdicht verschlossener Hauptträger mit einer dazwischen gespannten orthotropen Platte mit Deckblech, Steifen und Querträgern befindet. Die Brücke besteht aus zwei einfeldrigen Rahmen, die sich im mittleren Abschnitt überschneiden. Der den Stadtkanal überspannende Mittelabschnitt hat eine Länge von 30,70 m.

Besonderheiten

Trotz der recht komplizierten Geometrie des Tragwerkes sind auch kleinere Stahlbauunternehmen in der Lage, solche Tragwerke zu fertigen und zu montieren. Besonders das Einheben des Mittelteils und die genaue Passung zu den bereits montierten Randbereichen stellte die Baufirma aber vor große Herausforderungen.

1 Blick auf die Brücke und das Klosterquartier
2 Einhub des Mittelteils und Einpassen in die bereits bestehende Stahlkonstruktion

BAUWERKSDATEN

Baujahr
2010–2011

Konstruktionstyp
Schrägstielrahmen in Stahlbauweise

Abmessungen
Länge: 40,50 m
Breite: 3,00 m – 4,10 m

Baustoffe
Überbau: S355J2
Unterbauten: C25/30, C40/50

LEISTUNG

Bautechnische Prüfung, Fremdüberwachung Stahlbau

BETEILIGTE

Bauherr
Stadt Brandenburg an der Havel

Entwurf
Leonhardt, Andrä und Partner GmbH

Bauausführung
EUROVIA Verkehrsbau Union GmbH, SBL Stahl- und Brückenbau Lindow GmbH

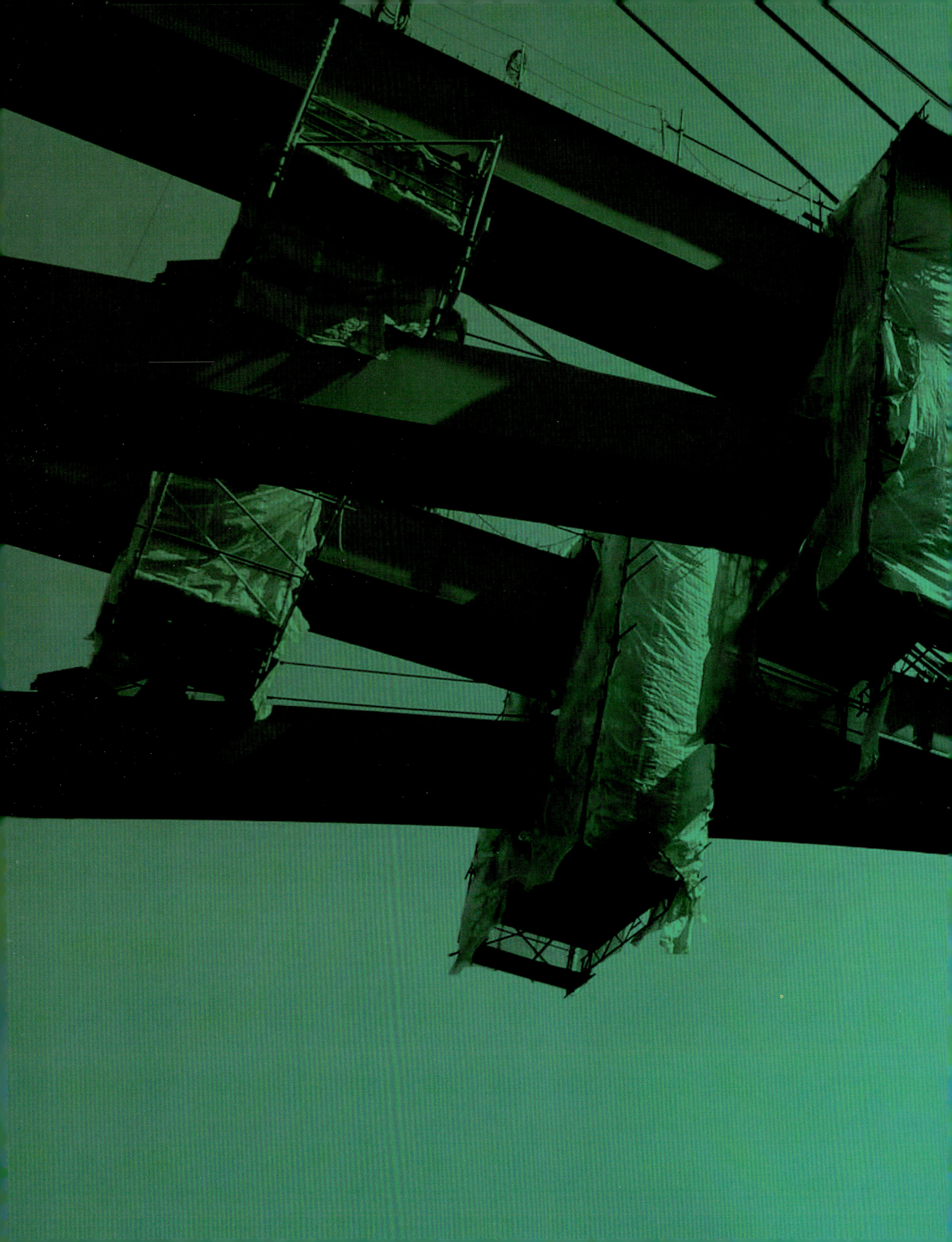

PROZESSE

Jedes Bauwerk muss erst entstehen. In den gedanklichen Entwurfs- und Planungsprozessen, bei denen eine Fülle von Randbedingungen wie Geometrie, Material, Baugrund, Gestaltung, Wirtschaftlichkeit und Umwelt zu berücksichtigen sind, spielen auch immer die Möglichkeiten der Herstellungs- und Montageprozesse eine Rolle.

Im Stahlbrückenbau sind neben der Kranmontage der Freivorbau und Bewegungsprozesse wie Einschieben, Einschwimmen und Einfahren von ganzen Tragwerken oder Tragwerksteilen zu nennen. Im Massivbrückenbau wird, wenn es die geometrischen und umwelttechnischen Bedingungen zulassen, auf Traggerüst betoniert; in anderen Fällen kommen auch hier der Freivorbau oder das Taktschieben zum Einsatz. Verschiedene Montageprozesse von Brücken sind in den Beispielen gezeigt, in jedem Fall war die Planung dieser Prozesse von Anfang an zu berücksichtigen.

Gerade auch die Montageprozesse sind es, die den Ingenieur besonders fordern: Die in der Berechnung der Bauzustände und der Konstruktion der Baubehelfe zu berücksichtigenden Lasten resultieren im Wesentlichen aus den Eigengewichten und sind somit tatsächlich vorhanden – anders als im Endzustand, bei dem mit fiktiven Lastmodellen und sicheren Lastkombinationen gerechnet wird.

ÜBER FLORA UND FAUNA
Odertalbrücke bei Bad Lauterberg

Im Stahlbrückenbau werden verschiedenste Montageverfahren wie Kranmontage, Einschwimm- und Einschubvorgänge oder Freivorbau angewendet. Bei der Odertalbrücke kommt neben der alltäglichen Kranmontage die Besonderheit des Freivorbaus mittels Hilfspylon und Seilabspannungen im Bereich der beiden Halbbögen zum Einsatz. Dies ist sowohl aus wirtschaftlicher Sicht – wegen der Höhe des Überbaus über Grund – als auch aus ökologischer Sicht sinnvoll, da so Eingriffe in die Natur des Fauna-Flora-Habitats unterhalb der beiden Halbbögen ausgeschlossen werden.

BAUWERKSDATEN

Baujahr
2009–2012

Konstruktionstyp
Stahlverbundbrücke mit dichtgeschweißten Kleinkästen und Bogenunterstützung

Abmessungen
Länge: 496,00 m
Breite: 21,60 m

Baustoffe
Überbau: S355J2G3, C35/45
Unterbauten: C30/37-C45/55

LEISTUNG

Ausführungsplanung

BETEILIGTE

Bauherr
Niedersächsische Landesbehörde für Straßenbau und Verkehr

Bauausführung
Sächsische Bau GmbH, Stahl- und Brückenbau Niesky GmbH

Ausführungsplanung
Klähne Ingenieure GmbH

Ausführungsplanung

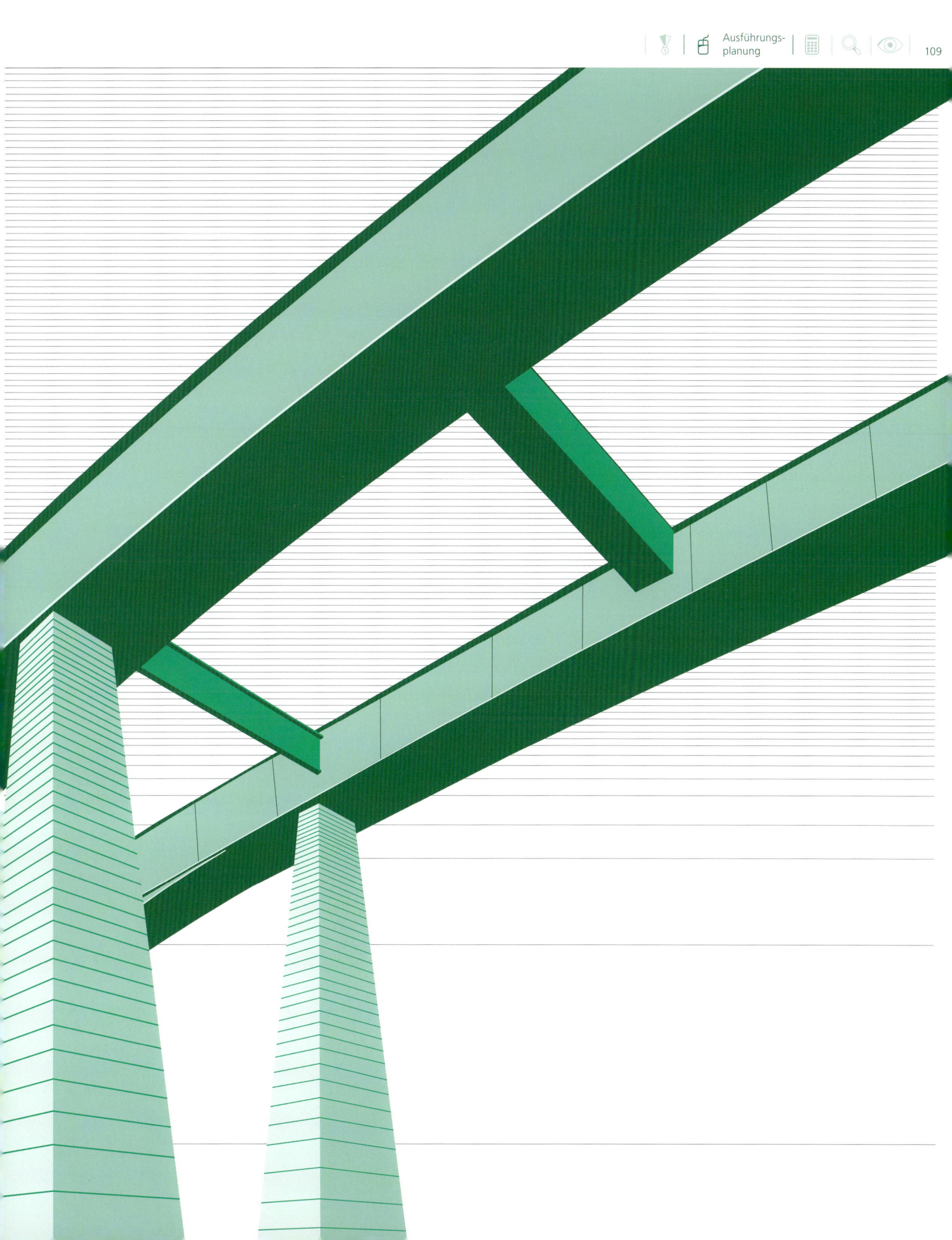

Odertalbrücke bei Bad Lauterberg

Die Bundesstraße B 243 wird westlich von Bad Lauterberg verlegt. Hierfür wurde ein neues vierspuriges Brückenbauwerk erforderlich, das als Durchlaufträger über neun Felder hergestellt wurde. Der Querschnitt besteht aus zwei stählernen luftdicht verschweißten rechteckigen Hohlkästen, die im Bereich der beiden südlichen Endfelder auf stählerne Halbbögen aufgeständert werden. Darüber liegt die Verbundfahrbahnplatte.

Die Unterbauten wurden als Widerlager mit Parallelflügeln und massiven Pfeilern aus Stahlbeton ausgeführt, die auf Bohrpfählen gegründet wurden.

Besonderheiten

Eine große Herausforderung ergab sich aus den Gründungsverhältnissen: Die Bohrpfahllängen wurden baubegleitend geändert, da sich gegenüber den Baugrundaufschlüssen andere Höhenordinaten des verwitterten Felsgesteins zeigten.

Neben der Montagetechnologie stellte die Geometrie des Bauwerks die Fertigungs- und Montagefirma vor große Herausforderungen. Im Aufriss liegt die Brücke zwischen Widerlager A und dem Pfeiler Achse 7 in einem Bogen mit einem Radius von 400,00 m, der in den beiden Endfeldern zwischen Achse 7 und dem Widerlager B über zwei Wechselklothoiden in einen Gegenbogen übergeht. Die Steigung beträgt 6 %. Wegen der komplizierten Geometrie und aus statischen Gründen wurde die Ortbetonfahrbahnplatte mit einem Schalwagen im Pilgerschrittverfahren hergestellt.

Ausführungsplanung | 111

1 Blick vom Hilfspylon auf den bereits hergestellten Stahlüberbau
2 Freivorbau des Überbaus im Bogenbereich mittels Hilfspylon und Abspannungen
3 Längsschnitt durch das Tragwerk

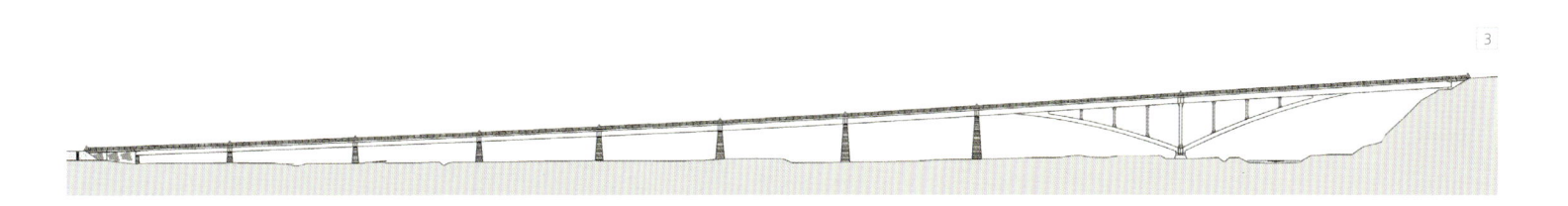

AUF PRÄZISION GEGRÜNDET

Ortsumgehung Rathenow – Straßenbrücke über die Havel

Nach dem Abbruch der alten genieteten Eisenbahnüberführung über die Havel im Zuge der sogenannten Stammbahnstrecke erfolgte in unmittelbarer Nachbarschaft der neuen ICE-Strecke der Neubau der Ortsumgehung Rathenow und damit der Neubau der Straßenbrücke über die Havel.

Die Brücke hat eine Gesamtlänge von 205,10 m, die sich aus einer Stabbogenbrücke mit einer Spannweite von 90,00 m sowie angrenzenden Feldern mit Spannweiten von 32,60 m + 40,85 m + 41,65 m ergibt. Die Stabbogenbrücke wird durch außenliegende Bögen und ein durchlaufendes Fahrbahndeck in Stahlverbundbauweise gebildet, an die sich die Randfelder biegesteif als Deckbrücken in Stahlverbundbauweise anschließen.

Der Überbau wurde über die gesamte Länge als torsionssteifer begehbarer Hohlkasten mit Ortbetonfahrbahnplatte hergestellt.

Die massiven Widerlager und Pfeiler wurden in wasserdichten Spundwandkästen flach in den anstehenden Sandschichten gegründet.

Besonderheiten

Die Ausbildung des Langerschen Balkens ist ungewöhnlich, da er über einen massiven Verbundquerträger mit dem durchlaufenden Stahlverbundtragwerk biegesteif verbunden ist und somit als Teil eines Durchlaufträgersystems wirkt. Hervorzuheben ist weiter die Montage mittels Einschieben mit Pontonunterstützung, die zusätzliche statische Untersuchungen für Tragwerk und Bauhilfskonstruktionen erforderte.

Bautechnische Prüfung

1 Tragwerk im Einschubzustand, unten Ponton mit Hilfsstützen und Verschublager auf den Pfeilern

2 Fertige Straßenbrücke, im Hintergrund Fachwerkbrücken der ICE-Trasse

BAUWERKSDATEN

Baujahr
2008–2010

Konstruktionstyp
Vierfeldträger mit Bogen im Flussfeld

Abmessungen
Länge: 205,10 m
Breite: 12,00 m

Baustoffe
Überbau: S355J2G3, C30/37
Unterbauten: C20/25-C35/45

LEISTUNG

Bautechnische Prüfung

BETEILIGTE

Bauherr
Landesbetrieb Straßenwesen Brandenburg

Bauausführung
Schachtbau Nordhausen GmbH

Prüfung
Dr.-Ing. Thomas Klähne,
Klähne Ingenieure GmbH

SCHWEBEND VERSCHOBEN

Eisenbahnüberführung Krottnaurerstraße, Berlin

Im Südwesten Berlins schmiegt sich die S-Bahn-Linie S1 entlang des beliebten Schlachtensees und kreuzt dort die Krottnaurerstraße. Die Eisenbahnüberführung Krottnaurerstraße überführt zwei Gleise der S-Bahn und ein Gleis der Fernbahn. Die Rahmenkonstruktion ist eine an sich nicht spektakuläre Tragkonstruktion: Sie wird durch Rahmenriegel und -stiele gebildet, an die sich an den vier Seiten Schrägflügel und bahnparallele Winkelstützwände anschließen.

Besonderheiten

Bei jedem Ersatzneubau einer Eisenbahnbrücke ist der Eingriff in den Bahnbetrieb möglichst zu minimieren. Da die Trassen nicht wie bei Straßen beliebig verschwenkt werden können, ist der Einfallsreichtum des Ingenieurs gefragt.

Die gesamte Betonkonstruktion des Rahmens wurde daher in Seitenlage vollständig vorgefertigt. In einer mehrtägigen Sperrpause wurde die bestehende Konstruktion abgebrochen und der vorgefertigte Rahmen über Luftpolster auf einer Gleitbahn in seine endgültige Lage verschoben, dort abgesetzt und mit den Fertigteilfundamenten vergossen. Danach konnte der Bahnbetrieb wieder aufgenommen werden, im Nachlauf erfolgte der Ausbau mit Flügeln und Stützwänden.

1 Blick auf die Verschubebene beim Einschub
2 Vorgefertigter Stahlbetonrahmen während des Querverschubes

BAUWERKSDATEN

Baujahr
2009
Konstruktionstyp
Einfeldrahmen
Abmessungen
Stützweite: 12,00 m
Breite: 15,03 m
Baustoffe
Überbau: C35/45
Unterbauten: C30/37

LEISTUNG

Bautechnische Prüfung

BETEILIGTE

Bauherr
DB ProjektBau GmbH
Bauausführung
Heinrich Klostermann GmbH & Co. KG
Genehmigungsbehörde
Eisenbahn-Bundesamt, Ast Berlin

Sandauer Brücke über die Havel in Havelberg

BAUWERKSDATEN

Baujahr
2007–2009
Konstruktionstyp
2-feldrige Stahlverbundbrücke
Abmessungen
Länge: 125,30 m
Breite: 13,50 m
Baustoffe
Überbau: S355J2G3
Fahrbahnplatte: C35/45
Unterbauten: C30/37

LEISTUNG

Bautechnische Prüfung

BETEILIGTE

Bauherr
Land Sachsen-Anhalt
Entwurf
VIC GmbH, Potsdam,
Henry Ripke Architekten, Berlin
Bauausführung
Bilfinger Berger Ingenieurbau
GmbH ZNL Schwerin, SIBAU
Genthin GmbH & Co. KG
Prüfung
Dr.-Ing. Thomas Klähne,
Klähne Ingenieure GmbH

▼
Querverschub und Einschwimmen des Bogentragwerks in seine endgültige Position

MIT NEUEM SCHWUNG ÜBER DIE HAVEL

Sandauer Brücke über die Havel in Havelberg

Die alte Sandauer Brücke in Havelberg, die mit mehreren Pfeilern und verschiedenen Stahlfachwerkkonstruktionen die Havel überquerte, konnte den Verkehrsanforderungen nicht mehr gerecht werden. So wurde der Ersatzneubau dieses Zuganges zur alten Domstadt Havelberg notwendig.

Der Brückenentwurf, der das Ergebnis der Zusammenarbeit zwischen Ingenieur und Architekt ist, wurde als zweifeldrige Stahlverbundbrücke mit einem 88,50 m langen, einhüftigen Stabbogen über der Stromöffnung und einem Stahlverbundplattenbalkentragwerk mit einer Länge von 36,80 m über der Nebenöffnung gebaut. Der Querschnitt besteht aus zwei geschlossenen trapezförmigen Versteifungsträgern und einer damit im Verbund liegenden Betonfahrbahnplatte und ist über die gesamte Brückenlänge konstant. Das Tragwerk ist biegesteif in den Mittelpfeiler eingespannt und beweglich an den Widerlagern gelagert. Die Unterbauten sind auf Atlaspfählen tief gegründet.

Besonderheiten

Nach Herstellung der Gründung und der Unterbauten wurden der Bogenfußpunkt und das kleinere Brückenfeld auf Hilfsstützen montiert. An separater Stelle wurde der Stabbogen vormontiert und danach vom Vormontageplatz inklusive Schalung auf Pontons querverschoben. Von dort wurde er eingeschwommen und passgerecht in seine Endposition gebracht. Dieser Vorgang wurde von zahlreichen Havelbergern und Brückenbauleuten verfolgt.

Ossabachtalbrücke im Zuge der A 72 bei Geithain

1 Fachwerkträger zur Herstellung des Traggerüstes für das Betonieren der Plattenbalkenquerschnitte

2 Die Lärmschutzwand gibt der Betonbrücke von Weitem ein sehr robustes Aussehen

BAUWERKSDATEN

Baujahr
2009–2011

Konstruktionstyp
Vorgespannter Spannbetonplattenbalken als Durchlaufträger

Abmessungen
Länge: 219,00 m
Breite: 30,40 m

Baustoffe
Überbau: C35/45, C40/50, St1570/1770
Unterbauten: C30/37

LEISTUNG

Bautechnische Prüfung

BETEILIGTE

Bauherr
DEGES GmbH

Bauausführung
Schäfer-Bauten GmbH

Prüfung
Dr.-Ing. Thomas Klähne,
Klähne Ingenieure GmbH

DAS GRÜNE BAND

Ossabachtalbrücke im Zuge der A 72 bei Geithain

Die neue Autobahn A 72 zwischen Chemnitz und Leipzig überführt in der Nähe der Stadt Geithain das Ossabachtal. Die zwei getrennten Brückenüberbauten mit je sieben Feldern und Stützweiten von 27,00 m + 5 × 33,00 m + 27,00 m werden durch Plattenbalkenquerschnitte mit jeweils zwei Stegen gebildet. Diese sind in Spannbetonbauweise auf dem Traggerüst in jeweils drei Abschnitten hergestellt worden. Den seitlichen Abschluss beider Richtungsfahrbahnen bilden 4 m hohe Kollisionsschutzwände mit Ausfachungen aus Aluminiumkassetten und Verbundsicherheitsgläsern, die sich in ihrer grünen Färbung gut in die Landschaft einpassen.

Die Widerlager und die Stahlbetonpfeiler sind auf Bohrpfählen tief gegründet.

Besonderheiten

Bei der Herstellung der Überbauten wurden keine herkömmlichen Traggerüste verwendet, sondern weitgespannte Fachwerkträger, die als Einfeldtragwerke auf den Jochen in Nähe der Stützen ruhten. Zur Herstellung des zweiten Überbaus wurden die Traggerüstkonstruktionen abgesenkt und querverschoben.

Pleißenbachtalbrücke im Zuge der A 72

1 Kranmontage der kleinteiligen, dichtgeschweißten Hohlkästen

2 Die transparenten Schallschutzwände gewährleisten den Schallschutz der Gemeinde Röhrsdorf

BAUWERKSDATEN

Baujahr
2004–2006

Konstruktionstyp
Durchlaufträger mit Verbundquerschnitt

Abmessungen
Länge: 301,00 m
Breite: 29,50 m

Baustoffe
Überbau: S355J2G3, C35/45
Unterbauten: C30/37

LEISTUNG

Ausführungsplanung

BETEILIGTE

Bauherr
Autobahnamt Sachsen

Bauausführung
Sächsische Bau GmbH, Dresden, Stahl- und Brückenbau Niesky GmbH

Ausführungsplanung
Klähne & Bauchspieß GmbH

KLEINE KÄSTEN – GROSSE WEITEN

Pleißenbachtalbrücke im Zuge der A 72

Die Autobahn A 72 wird derzeit zwischen den beiden sächsischen Ballungszentren Chemnitz und Leipzig ausgebaut. In den Jahren 2004–2006 entstand das Bauwerk 4 dieser Autobahn bei Röhrsdorf nahe Chemnitz und überspannt hier das Pleißenbachtal. Dabei handelt es sich um zwei getrennte Überbauten mit Stützweiten von 35,00 m + 46,00 m + 49,00 m + 47,00 m + 47,00 m + 44,00 m + 33,00 m bei einer Gesamtlänge von 301,00 m. Die Stahlverbundüberbauten bestehen aus je zwei kleinteiligen geschlossenen Hohlkästen mit Ortbetonfahrbahnplatte.

Die Pfeiler sind als Rahmenstützen mit Höhen von bis zu ca. 17 m ausgebildet und auf dem anstehenden verwitterten Fels tief gegründet, wobei die Bohrpfähle eine Länge von bis zu 17 m aufweisen.

Besonderheiten

Die Pleißenbachtalbrücke ist eine der ersten Brücken in Deutschland, bei denen das Konstruktionsprinzip der kleinteiligen, dichtgeschweißten Hohlkästen mit Verbundplatte angewendet wurde. Der große Vorteil dieses Prinzips liegt in der Wirtschaftlichkeit. Zum einen können durch die ausgezeichnete Tragwirkung sehr geringe Baustahlmengen erzielt werden (hier 185 kg/m² Brückenfläche); zum anderen ist die Montage der relativ leichten Träger mittels Kran möglich. Danach kann die Betonage der Fahrbahnplatte mit Schalwagen erfolgen, der auf den beiden Hohlkästen läuft.

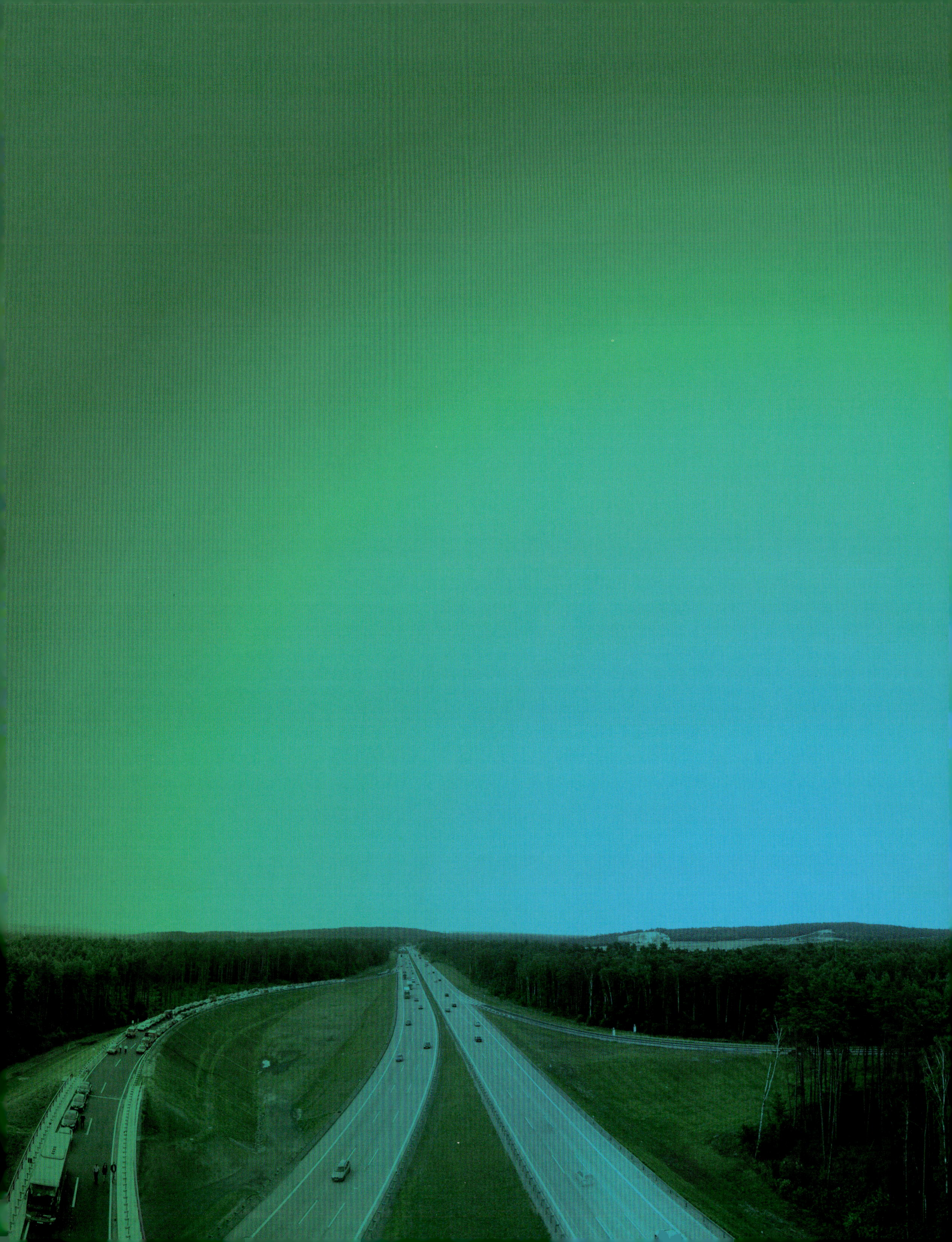

MOBILITÄT

Mobilität ist in unserer heutigen Gesellschaft eine Voraussetzung für das Funktionieren von Handels- und Wirtschaftsprozessen. Möglicherweise wird man in Jahren über eine postmobile Gesellschaft diskutieren, wenn sich Wertevorstellungen wandeln.

Brückenbauwerke stehen an sich für Mobilität. Brücken überspannen Hindernisse oder sind Bestandteile sich kreuzender Verkehrswege; insoweit sind natürlich alle Brückenbauwerke dem Terminus Mobilität zuzuordnen.

Die hier vorgestellten Beispiele sind daher exemplarisch zu verstehen: Der Berliner Ring ist eine der ersten überhaupt gebauten Autobahnen und läutete das Automobilzeitalter ein, indem dem Volkswagen freie Fahrt gewährt wurde. Heute – über 70 Jahre später – können die Verkehrsknoten den Anforderungen nicht mehr gerecht werden, und so wurden diese Knoten mit den für den Berliner Ring typischen Überfliegerbauwerken umgebaut. Dabei kamen Stahlverbundtragwerke zum Einsatz, die mit ihren Einpunktstützungen in den Auflagerachsen und der Verbundbauweise eine gelungene Gestaltung bei gleichzeitig anspruchsvoller Tragwirkung zeigten.

Mobilität erstreckt sich natürlich weiter: Hierfür exemplarisch sind die Eisenbahnbrücken durch den Hauptbahnhof in Berlin, sie nehmen den oberen Verkehrsweg der Bahn im ICE-Kreuzungsbahnhof auf.

BAUWERKSDATEN

Baujahr
1998–2013

Konstruktionstyp
Stahlverbunddurchlaufträger auf Stahlbetonstützen

Anzahl der Verbundbrücken (gebaut)
Dreieck Nuthetal: 3
Dreieck Potsdam: 3
Dreieck Werder: 3
Kreuz Oranienburg: 1
Dreieck Schwanebeck: 2
Dreieck Spreeau: 3
Kreuz Schönefeld: 4

Abmessungen
Länge: ca. 130 m bis ca. 210 m
Breite: i. d. R. 13,25 m

Baustoffe
Überbau: S355J2G3 + B45
Unterbauten: B25-B45

LEISTUNG

Dreieck Nuthetal
Bautechnische Prüfung (1)*,
Ausführungsplanung (1)

Kreuz Oranienburg
Ausführungsplanung (1)

Dreieck Schwanebeck
Bautechnische Prüfung (1)

Dreieck Spreeau
Ausführungsplanung (3)

Kreuz Schönefeld
Bautechnische Prüfung (4)

Dreieck Pankow
Vorplanung (1)

Dreieck Havelland
Vorplanung (1)

* Anzahl der Brücken.

BETEILIGTE

Bauherr
Landesbetrieb Straßenwesen Brandenburg, NL Autobahn

Der äußere Ring der Stadt Berlin wird durch den Autobahnring der Bundesautobahn A 10 gebildet, von dem in alle Himmelsrichtungen Bundesautobahnen oder Bundesstraßen abgehen. Seit den 90er Jahren ist der Landesbetrieb Straßenwesen Brandenburg mit dem Ausbau dieser Verkehrsknotenpunkte beschäftigt. Die in den 30er Jahren konzipierten Knotenpunkte sind nicht mehr in der Lage, die heutigen verkehrlichen Anforderungen zu bewältigen.

Die Knotenpunkte werden heute so gestaltet, dass die einzelnen Autobahnen direkt miteinander verbunden werden und damit in der Regel keine umständlichen 270°-Umfahrungen erforderlich werden. Hierzu sind Überführungsbauwerke erforderlich, die i. d. R. als Überflieger in Stahlverbundbauweise errichtet werden.

Konstruktives Prinzip ist es dabei, Durchlaufträger zu konstruieren, die mit Stützweiten von ca. 40 m an den Widerlagern mit zwei Lagern und an den Stützen mit jeweils einem Lager gelagert werden. Da diese Träger nicht in der Lage sind, an den Mittelstützen Torsion zu übertragen, ist es erforderlich, torsionssteife Hohlkastenträger auszubilden, die ihre Torsionskräfte an den Widerlagern abgeben. Komplettiert werden die stählernen Hohlkastenquerschnitte durch Stahlbetonfahrbahnplatten in Verbundbauweise.

Ausführungs- | Bautechnische
planung | Prüfung

MIT ÜBERFLIEGERN RUND UM BERLIN
Die Autobahnkreuze und -dreiecke der A 10

Im Laufe der Jahre war unser Büro mit Entwurfsplanungen, Ausführungsplanungen und mit der bautechnischen Prüfung einer Anzahl von Brückenbauwerken, die als Überflieger ausgebildet wurden, befasst. Obwohl sich das grundsätzliche Konstruktionsprinzip des stählernen Hohlkastens mit Ortbetonfahrbahnplatte und Einpunktlagerung in den Pfeilerachsen nicht geändert hat, gab es doch immer weitere technische Entwicklungen und Besonderheiten.

Zu nennen wäre hier, dass das noch bei den Bauwerken des Dreiecks Spreeau angewendete Pilgerschrittverfahren beim Betonieren der Fahrbahnplatte nun durch fortlaufendes Betonieren ersetzt wurde, da der statische Vorteil im Hinblick auf die Rissbildung des Betons die Herstellungsnachteile nicht überwiegt. Außerdem konnte die Torsionslagerung an den Stützen während der Montage und des Betonierens wesentlich vereinfacht werden.

Beim Dreieck Nuthetal wurde erstmals für das Bauwerk 1 ein zweizelliger Hohlkasten mit größerer Breite gegenüber den Vorgängerbauten hergestellt. Da hier erhöhte Verkehrsanforderungen herrschen, mussten drei Fahrspuren aufgenommen werden, woraus sich eine Brückenbreite von 18,00 m ergab.

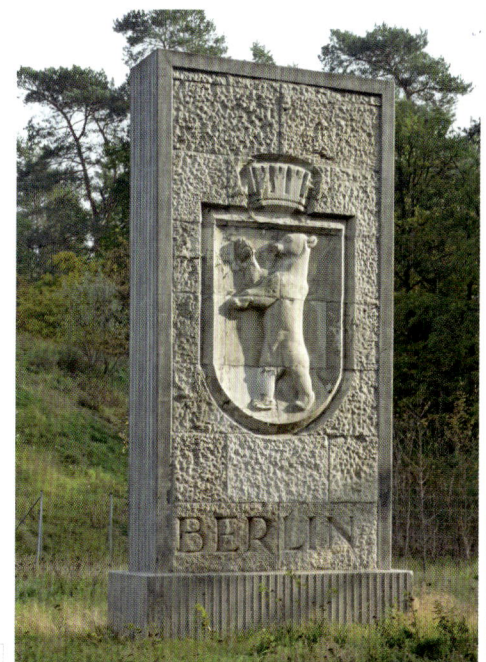

Ausführungs- planung | Bautechnische Prüfung | 127

1 Kreuz Schönefeld, Bauwerk während der Montage
2 Eingang zum Berliner Ring am Autobahndreieck Werder
3 Dreieck Nuthetal; Bauwerk 1Ü0 im Vordergrund und Bauwerk 1 im Hintergrund
4 Kreuz Schönefeld, Details zu Endquerträgern und Schalwagenstühlen
5 Dreieck Spreeau; Betonieren im Pilgerschrittverfahren; Anordnung massiver Hilfsabstützungen an den Pfeilern
6 Dreieck Nuthetal, Bauwerk 1; Blick in den dreistegigen Hohlkasten

Eisenbahnbrücken Hauptbahnhof Berlin

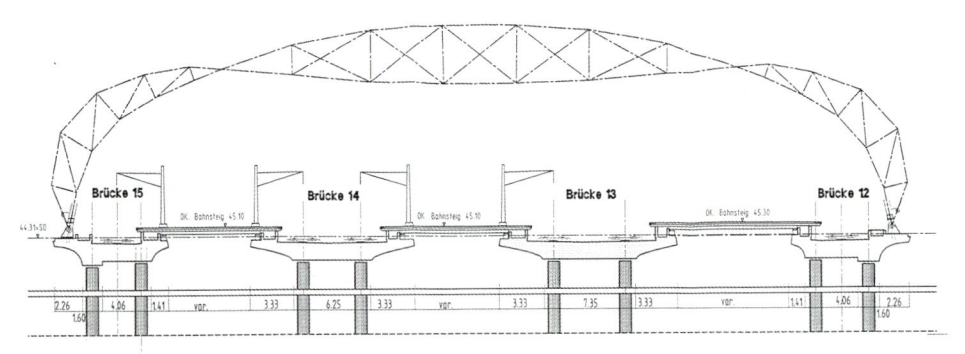

1 Querschnitt der Brücken im Bahnhofsbereich
2 Dachauflagerung auf den äußeren Brücken
3 Teil des Bremsverbandes im Bereich der Stahlstützen der Durchlaufträgerbrücken
4 Schweißen der Gussteile der Stahlstützen mit Induktionsschleifen
5 Gabelstützen in der Empfangshalle des Hauptbahnhofs
6 Isometrie: Vergabelung an der Stahlstütze

BAUWERKSDATEN

Baujahr
1997–2001

Konstruktionstyp
Durchlaufträger auf Stahlstützen

Abmessungen
70,00 m × 450,00 m

Baustoffe
Überbau: B55
Unterbauten: B25-B45
Stahlstützen: S355J2G3
Gussteile: GS-20Mn5V
Spannglieder: St1570/1770
Betonstahl: Bst500

LEISTUNG

Bautechnische Prüfung und bauaufsichtliche Bauabnahmen

BETEILIGTE

Bauherr
Deutsche Bahn, DB Projekt GmbH

Bauausführung
Arge Lehrter Bahnhof

Prüfung
Klähne & Bauchspieß GmbH
für Arge Prüfingenieure
Albrecht-Stucke

Genehmigungsbehörde
Eisenbahn-Bundesamt, Ast Berlin

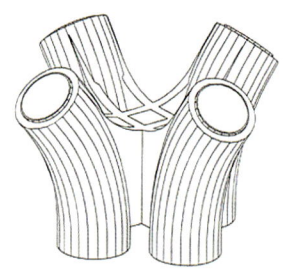

AUF BRÜCKEN DURCH DEN BAHNHOF

Eisenbahnbrücken Hauptbahnhof Berlin

Die Eisenbahnbrücken des Hauptbahnhofes Berlin sind ein integraler Bestandteil des Bahnhofes und durchziehen den Bahnhof in Ost-West-Richtung und nehmen hierbei sechs Gleise auf. Sie bestehen aus 15 Einzelbauwerken mit einer Gesamtlänge von ca. 450 m und einer Breite von bis zu 70 m und sind im Grundriss gekrümmt. Die vier Brücken im Bereich des Bahnhofsgebäudes sind auf ca. 24 m hohen Stahlstützen im zentralen Bereich und sonst indirekt über Stahlbetonstützen auf den Tragwerksteilen des Hauptbahnhofes gelagert. Weitere elf Brücken in westlicher Fortsetzung des Bahnhofes sind schlaff bewehrte Plattenbalkenquerschnitte auf Stahlstützen.

Besonderheiten

Die obere Verkehrsebene des Kreuzungsbahnhofes verläuft in Ost-West-Richtung und wird durch die Brücken und Bahnsteige gebildet; so werden die Brücken als Bestandteil des Bahnhofes erlebbar. Konstruktive Besonderheiten dieser Brücken im Bahnhofsbereich sind die beschränkte Vorspannung der Plattenbalkenquerschnitte zur Vergrößerung der Torsionssteifigkeit, insbesondere bei den einseitig durch Dachlasten belasteten Brücken. Eine weitere Herausforderung stellte der Einsatz von Stahlgussknoten an den Fuß-, Kopf- und Gabelpunkten der zentralen Stahlstützen dar. Die Dimensionierung dieser Gabelstützen mit Wandstärken von 80 mm erfolgte primär aus brandschutztechnischen Gründen, statisch wären nur 50 mm erforderlich gewesen. Die Interaktion beim Bauablauf und bei der Lastabtragung mit den Teilen des Hauptbahnhofes zeigt sich zum einen durch die Lagerung des Daches auf den Brücken und zum anderen durch die Lagerung der Brücken auf Tragwerksteilen des Bahnhofes.

Nord-Süd-Fernbahnverbindung Berlin, Abschnitt Gleisdreieck/Yorckbrücken

1 Blick unter die U-Bahn-Brücke der U2 vor der endgültigen Abfangung

2 Abfangkonstruktion unter der U-Bahn-Brücke der U2 vor dem Umsetzen auf den neuen Pfeiler

3 Einheben der Stahlträger für die neuen Yorckbrücken

4 Nord-Süd-Trasse von Norden gesehen; Blick auf Abfangung der U-Bahn-Brücke U2, im Hintergrund Nord-Süd-Tunnelmund

BAUWERKSDATEN

Baujahr
2000–2003

A) EÜ Yorckstraße
4 Brückenbauwerke als einzellige Hohlkästen in Stahlverbundbauweise
Stützweiten: 32,00 m

B) Überbrückung des Tunnels der S2
Platte in WIB-Bauweise
Dicke: 1,20 m und
Auflagerung auf zwei
Großbohrpfahlwänden
Grundrissfläche Überbrückung: 540,00 m²

C) Stützwand Ost/West
Stahlbetonwinkelstützwände für die neue Fernbahntrasse
Gesamtlänge: 130,00 m
Höhe: ca. 8 m

D) Unterwerk
Zweistöckiger Hochbau in Ortbetonmassivbauweise

E) Kabelhaus
Hochbau in Ortbetonmassivbauweise

F) Abfangung der Fachwerkbrücken der U2
Geschraubte Fachwerkkonstruktion als Stützträger zur Aufnahme der Lasten der U-Bahn-Brücken

LEISTUNG

Ausführungsplanung

BETEILIGTE

Bauherr
DB Projekt Verkehrsbau GmbH
Bauausführung
PORR Technobau Berlin GmbH
Genehmigungsbehörde
Eisenbahn-Bundesamt, Ast Berlin

VOM TUNNEL INS LICHT

Nord-Süd-Fernbahnverbindung Berlin, Abschnitt Gleisdreieck/Yorckbrücken

Nach der Maueröffnung 1989 ergab sich für Berlin die einmalige Gelegenheit, das Bahnkonzept der Stadt grundsätzlich neu zu ordnen. Es wurde das sogenannte Pilzkonzept geboren, wobei die neue Nord-Süd-Verbindung vom neuen Berliner Hauptbahnhof in den Süden den Stiel des Pilzes darstellt.

Teil dieser Nord-Süd-Verbindung sind die Ingenieurbauwerke südlich des Nord-Süd-Tunnel-Mundes am Gleisdreieck bis zu den Yorckbrücken über die Yorckstraße. Dies beinhaltete als wesentliche Bauwerke die neue Eisenbahnüberführung (EÜ) über die Yorckstraße, die aus vier Balkenbrücken in Stahlverbundbauweise mit torsionssteifen Querschnitten und Ortbetonfahrbahnplatten als Einfeldträger besteht und auf winkelförmig angeordneten Widerlagern ruht; das Abfangbauwerk für die U-Bahn-Brücke der U2 in Stahlbauweise sowie das Überführungsbauwerk über den unterirdischen S-Bahn-Tunnel in Stahlverbundbauweise, das auf Stahlbetonbalken mit Lastabtrag in den Baugrund durch zwei Großbohrpfahlwände mit Längen von 90,00 m hergestellt wurde. Weitere Massivbauwerke wie Kabelhaus, Unterwerk, Zugangsbauwerke und Stützwände waren ebenfalls zu planen.

Besonderheiten

Eine herausragende Bauaufgabe war es, die Pendelstützen der U-Bahn-Brücken, die direkt in der zukünftigen Fernbahntrasse standen, zu entfernen und unter Betrieb eine Abfangkonstruktion in Stahlbauweise zu entwickeln, die eine sehr geringe Bauhöhe zur Sicherung der lichten Höhe der Fernbahntrasse hatte und den komplizierten Bauabläufen gerecht wurde. Die Abfangkonstruktion besteht aus zwei schiefwinklig zueinander angeordneten Fachwerkscheiben, die in Querrichtung in ihren Ober- und Untergurtebenen durch Verbände ausgesteift sind. Auf dem Obergurt der Fachwerke sind zwei Elastomerlager als Pendelstützenersatz für die U-Bahn-Brücken angeordnet. Nach mehreren Umstützmaßnahmen wurde die Abfangkonstruktion auf einer Verschubbahn längs eingeschoben, die neuen Lager eingebaut und dann die Umlagerung der U-Bahn-Brücken auf die Abfangkonstruktion vorgenommen.

Überführungsbauwerk über die A 111, BW 3Ü3

BAUWERKSDATEN

Baujahr
2003

Konstruktionstyp
2-feldriger Durchlaufträger in Verbundbauweise

Abmessungen
Stützweiten: 31,90 m + 34,35 m
Breite: 13,25 m

Baustoffe
Überbau: S355J2G3, B35
Unterbauten: B25, B35

LEISTUNG

Ausführungsplanung

BETEILIGTE

Bauherr
Landesbetrieb Straßenwesen Brandenburg

Bauausführung
Eurovia Beton GmbH

▼

1 Schalungskonstruktion zwischen den Stahlträgern zur Herstellung der Fahrbahnplatte in Ortbeton

2 Mit Kopfbolzendübeln besetzter Steg und Kopfplatte zum Anschluss des Betonendquerträgers

DAS AMT UND SEINE NACHBARSCHAFT

Überführungsbauwerk über die A 111, BW 3Ü3

Das Überführungsbauwerk befindet sich im Zuge der L 171 über die Autobahn A 111 nördlich Berlins bei Stolpe.

Im Land Brandenburg wurden viele ähnliche Überführungsbauwerke entworfen und gebaut. Typisch hierfür ist der Einsatz von engliegenden Stahlverbundträgern mit Abständen von ca. 2,60 m, auf die eine Verbundplatte als Fahrbahnplatte betoniert wird. Dabei kommen entweder Stahlträger mit monolithisch hergestellter Betonplatte oder VFT®-Träger, bei denen bereits ein Fertigteilspiegel auf die Stahlträger werkseitig betoniert wird und die auf der Baustelle durch eine ca. 20 cm dicke Ortbetonergänzung hergestellt werden, zum Einsatz. Hier wurde monolithisch betoniert, was den Vorteil einer geringeren Bauhöhe mit den auf der Baustelle erforderlichen zusätzlichen Schalungskosten der Fahrbahnplatte erkauft.

Besonderheiten

Durch die direkte Nähe des Bauwerkes zur Zentrale des Landesbetriebes Straßenwesen Brandenburg war quasi für eine tägliche Kontrolle der Bauausführung gesorgt.

Zu gleicher Zeit war unser Büro mit der Detailplanung zweier sehr ähnlicher Überführungsbauwerke über die A 13 bei Ragow und bei Mittenwalde befasst, so dass Synergieeffekte genutzt werden konnten.

DEN QUERSCHNITT NEU GEDACHT

Bodebrücke, Quedlinburg

Die Bodebrücke bei Quedlinburg wurde als Neubau für den Bau der neuen Bundesstraße B 6n erforderlich. Dazu wurden zwei getrennte Überbauten als Dreifeldbauwerke mit Stützweiten von 38,00 m + 54,00 m + 38,00 m bei einer Gesamtlänge von 130,00 m ausgeführt. Die Querschnitte werden aus jeweils zwei dichtgeschweißten Kleinkästen mit Ortbetonfahrbahnplatte im Verbund gebildet. Die Stahlkästen sind dabei gevoutet und haben Bauhöhen von 1,56 m bis 2,16 m. Die Widerlager und Pfeiler sind auf Großbohrpfählen gegründet.

Besonderheiten

Bei der Ausführungsplanung der 301 m langen Pleißenbachtalbrücke über die A 72 sammelten wir wertvolle Erfahrungen hinsichtlich der Optimierung von Stahlverbundquerschnitten mit dichtgeschweißten Kleinkästen. So entwickelten wir für die ausführende Baufirma einen Sondervorschlag, bei dem der Querschnitt verändert und in Längsrichtung gevoutet wurde. Dabei konnte die Konstruktionsstahltonnage auf 170 kg/m² Brückenfläche optimiert werden, womit die Baufirma den Wettbewerb gewinnen konnte.

Die Ausführung des Sondervorschlages war sowohl für die Baufirma als auch für uns als Planungsbüro ein wirtschaftlicher Erfolg.

BAUWERKSDATEN

Baujahr
2006–2007

Konstruktionstyp
Durchlaufträger mit Verbundquerschnitt

Abmessungen
Länge: 130,00 m
Breite: 28,50 m

Baustoffe
Überbau: S355J2G3, C35/45
Unterbauten: C20/25, C30/37

LEISTUNG

Ausführungsplanung

BETEILIGTE

Bauherr
Landesbetrieb Bau
Sachsen-Anhalt, NL West

Bauausführung
Sächsische Bau GmbH, Stahl- und Brückenbau Niesky GmbH

1 Querschnitt und Längsschnitt des Sondervorschlages für die Baufirma

2 Herstellen der Fahrbahnplatte durch Betonieren auf dem Schalwagen

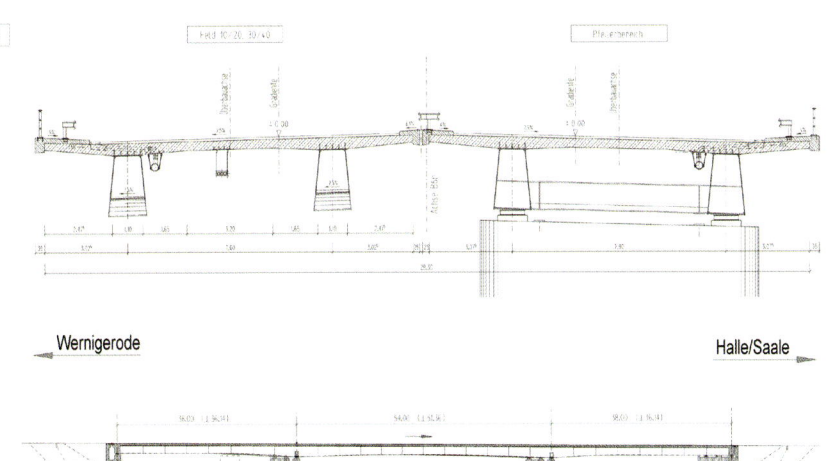

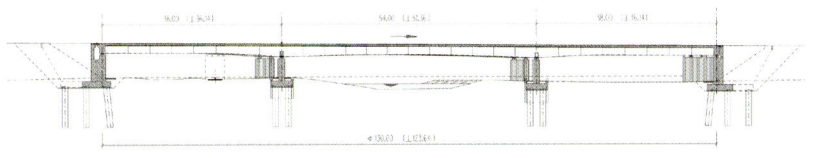

CHRONIK

Unsere Firmengeschichte spiegelt unseren Wunsch, als Bauingenieure in der Gesellschaft schaffend tätig zu sein, aber auch die Schwierigkeiten, die mit konjunkturellen Einbrüchen sowie persönlichen Schicksalen und Entscheidungen einhergehen.

1996 Gründung des Büros unter dem Namen HRA Beratende Ingenieure im Bauwesen GmbH als Prüfingenieurbüro durch Dr.-Ing. J. Haensel, Dr.-Ing. J. Kina und Dr.-Ing. Th. Klähne

1997 Bautechnische Prüfung des Berliner Hauptbahnhofs bis 2005 im Auftrag der Arge Prüfingenieure Haensel-Albrecht (später Albrecht-Stucke)

1998 Tod des Firmengründers Dr.-Ing. J. Haensel

1999 Umfirmierung in Klähne & Bauchspieß Beratende Ingenieure im Bauwesen GmbH durch Übernahme der Gesellschaftsanteile und der Geschäftsführung durch Dr.-Ing. Th. Klähne und Dipl.-Ing. F. Bauchspieß; Ausbau der Firma zum Ingenieurbüro für Planung und Prüfung im Bauwesen

2001 Anerkennung von Dr.-Ing. Th. Klähne zum Sachverständigen für Eisenbahnbau beim Eisenbahn-Bundesamt

2002 Gründung einer Zweigniederlassung in Leipzig mit Dr.-Ing. D. Ibach als weiterem Geschäftsführer

2005 Aufgabe der Geschäftsführung durch Dipl.-Ing. F. Bauchspieß und Reduzierung des Personals aufgrund abnehmender Baukonjunktur

2007 Berufung von Dr.-Ing. D. Ibach zum Professor an die FH Koblenz, Aufgabe der Geschäftsführung sowie in Folge Schließung der Zweigniederlassung Leipzig

2007 Anerkennung von Dr.-Ing. Th. Klähne zum Prüfingenieur für Standsicherheit; Erweiterung des Personals im Berliner Büro

2008 Umfirmierung in Klähne Beratende Ingenieure im Bauwesen GmbH; Erteilung der Gesamtprokura an Dr.-Ing. A. Heuer und Dipl.-Ing. O. Einhäuser; Umstrukturierung des Büros: Aufteilung in die Gruppen Brückenbau, Hoch- und Ingenieurbau und Bautechnische Prüfung

2011 Aufgabe der Gesamtprokura durch Dipl.-Ing. O. Einhäuser; Dr.-Ing. A. Heuer wird zweiter Geschäftsführer

PUBLIKATIONEN (AUSWAHL)

Umbau des S-Bahnhofkomplexes Berlin-Baumschulenweg unter rollendem Rad
Klähne, Th.: Vortrag bei der 13. Jahresfachtagung der Eisenbahn-Sachverständigen in Fulda, 16.02.2011

Neubau der Langen Brücke in Potsdam
Klähne, Th. – in: Stahlbau 80 (2011), Heft 2, Verlag Ernst & Sohn

Waldschlösschenbrücke – Ausführungsplanung Stahlbau
Einhäuser, O.: Vortrag bei der Fachtagung für Schweißaufsichtspersonen bei der Handwerkskammer Dresden, 28.01.2011

Querkraftbemessung nach DIN 1045-1
Heuer, A. – in: Beton- und Stahlbetonbau 105 (2010), Heft 7, Verlag Ernst & Sohn

Bewertung einer alten genieteten Stahlbrücke – Die Bösebrücke in Berlin
Klähne, Th. – in: Stahlbau 78 (2009), Heft 3, Verlag Ernst & Sohn

Der Ersatzneubau der Ziegelgrabenbrücke nach europäischem Regelwerk
Ohms, S.; Klähne, Th.; Eichhorn, J. – in: ETR – Eisenbahntechnische Rundschau 7 – 8/2008, Verlag Eurailpress

Dreidimensionale Materialmodellierung von Stahlbeton
Heuer, A., Dissertation – in: Reihe Wissenschaft, Band 19, Fraunhofer IRB Verlag Stuttgart – Technische Universität Berlin, 2007

Ersatzneubau der Seegartenbrücke in Brandenburg
Ibach, H.D. – in: Stahlbau 76 (2007), Heft 2, Verlag Ernst & Sohn

Construction of the new autobahn 113 in Berlin
Klähne, Th.; Ammerschuber, F.; Fischer, M.: IABSE 2006 Annual Meetings and Symposium, 13. – 15. September 2006, Budapest

Planung und Bau einer Autobahnbrücke über den Teltowkanal in Berlin
Klähne, Th.; Schubart, R.; Weirauch, St.; Buhl, W. – in: Stahlbau 75 (2006), Heft 2, Verlag Ernst & Sohn

Neubau der Pleißenbachtalbrücke – Ausführungsbeispiel für die Verbundbauweise mit Kleinkästen
Klähne, Th.; Einhäuser, O.: Beitrag zum 16. Dresdner Brückenbausymposium an der TU Dresden, 14.03.2006

Design and construction of the bridge over the Teltowkanal in the course of the new motorway A 113 in Berlin
Klähne, Th.; Schubart, R.: 6th Japanese German Bridge Symposium, August 29. – September 1., 2005, Munich

Dynamische Untersuchung der Fußgängerbrücke Elstal
Klähne, Th. – in: Bautechnik 04 (2005), Verlag Ernst & Sohn

Stahlbau und Schweißtechnik beim Lehrter Bahnhof in Berlin
Klähne, Th.: in DVS-Bericht 2003, Schweißen und Schneiden

Aspekte der bautechnischen Prüfung des Bauvorhabens Lehrter Bahnhof, Berlin
Albrecht, G.; Klähne, Th.; Stucke, W. – in: Stahlbau 12 (2002), Verlag Ernst & Sohn

Bautechnische Prüfung des Ost-West-Daches des Lehrter Bahnhofs
Kina, J.; Klähne, Th.; Nguyen, K.-M.; Einhäuser, O. – in: Stahlbau 12 (2002), Verlag Ernst & Sohn

Ausbau der Autobahnkreuze und Autobahndreiecke im Zuge des Berliner Ringes, Entwurf und Berechnung: Einflüsse auf die Baustahlmengen der Hohlkastenverbundbrücken
Einhaus, J.; Klähne, Th.; Mündecke, M. – in: Stahlbau 3 (2002), Verlag Ernst & Sohn

Die Südbrücke Oberhavel – Entwurf, Ausschreibung und Vergabe
Krone, M.; Klähne, Th.; Kovacs, I. – in: Stahlbau 4 (1997), Verlag Ernst & Sohn

Der Realisierungswettbewerb zur Südbrücke Oberhavel
Nymoen, O.; Krone, M.; Klähne, Th. – in: Stahlbau 1 (1997), Verlag Ernst & Sohn

Beitrag zur Bemessung und Zuverlässigkeitsanalyse vorgespannter Biegeträger im elastischen und plastischen Arbeitsbereich
Klähne, Th. Dissertation – in: Mitteilungen aus dem Lehrstuhl für Metallbau – Technische Hochschule Leipzig, 1992

BILDNACHWEIS

S. 5	Schneider, P.
S. 6	Heiland, U.
S. 7 Abb. 1, 2	Eiffel Deutschland Stahltechnologie GmbH, Hannover
S. 7 Abb. 3	Landesbetrieb Mobilität Trier/www.hochmoseluebergang.rlp.de
S. 8	Freystein, H.
S. 9	Becker, M.
S. 10/11	Geißler, K.
S. 18/19	Machhaus, T.; www.shutterstock.com
S. 24 Abb. 1/S. 25	fbi Fiedler Beck Ingenieure GbR, Hamburg
S. 30 Abb. 1/S. 31	Landesbetrieb Mobilität Trier/www.hochmoseluebergang.rlp.de
S. 38/39	Stahl + Verbundbau GmbH, Berlin
S. 52/53	Ignacio Linares/free 2MC
S. 53 Abb. 1, 2, Modell	Henry Ripke Architekten, Berlin
S. 54 Abb. 2	Holger1974
S. 54 Abb. links unten, S. 57	Eiffel Deutschland Stahltechnologie GmbH, Hannover
S. 58/59	Younicos AG Berlin
S. 80	PDenergyGmbH
S. 81	ibb – Ingenieurbüro für Bautechnik Dipl.-Ing. Michael Glomb
S. 81 2. Reihe rechts	Ingenieurbüro Fügner & Stiepel, Dessau
S. 82 Abb. 2	Ingenieurgesellschaft Kempa mbH
S. 110/111 außer Abb. 3	Stahl- und Brückenbau Niesky GmbH
S. 113 Abb. 1, 2	Schachtbau Nordhausen GmbH
S. 122/123	Seifert, B.
S. 128 Abb. 1, 6	Schlaich Bergermann und Partner, Stuttgart
S. 135 beide Abb. oben	Sächsische Bau GmbH, Dresden

Für die übrigen Abbildungen liegt das Copyright bei der Klähne Ingenieure GmbH.

IMPRESSUM

TRAGEN STÜTZEN SPANNEN

Originalausgabe
© 2011 Dr.-Ing. Thomas Klähne – Autor/Herausgeber

Das Werk ist urheberrechtlich geschützt. Jede Verwertung außerhalb der Grenzen des Urheberrechtsgesetzes bedarf der vorherigen Zustimmung des Herausgebers.

Klähne
Beratende Ingenieure im Bauwesen GmbH
Inselstraße 6A, 10179 Berlin
www.kl-ing.de

Satz und Gestaltung: Short Cuts GmbH, Berlin
Druck und Bindung: Druckhaus Köthen

ISBN 978-3-00-036388-7